Josef H. Reichholf:
Erfolgsprinzip Fortbewegung
Die Evolution des Laufens, Fliegens,
Schwimmens und Grabens

Guter Tip von Dir –
gutes Buch von mir

Viel Freude beim Lesen

Deutscher
Taschenbuch
Verlag

dtv

Von Josef H. Reichholf
ist im Deutschen Taschenbuch Verlag erschienen:
Der Tropische Regenwald (11262)

Originalausgabe
August 1992

Umschlagtypographie: Celestino Piatti
Umschlagfoto: Kathrine und Karl Ammann (Geparden, Landbuch-Verlag, Hannover)
Satz: IBV Satz- und Datentechnik, Berlin
Druck und Bindung: C. H. Beck'sche Buchdruckerei, Nördlingen
Printed in Germany · ISBN 3-423-30320-4

Inhalt

Das Buch

Läuft die Gazelle so schnell, weil der Welt bester Sprinter, der Gepard, hinter ihr her ist? Was hat den Floh zu solch einem Springkünstler werden lassen? Warum erhoben sich vor 140 Millionen Jahren flinke Echsen mittels Federn in die Lüfte und legten damit den Grund für die Entwicklung der großartigen Vogelfauna? Wie kommt es, daß nicht die Fische die besten Schwimmer sind, sondern jene Säugetiere, die ins Wasser zurückkehrten, aus dem alle Lebewesen kommen? Und was hat den Maulwurf dazu getrieben, sich unermüdlich durch die Erde zu wühlen?
Betrachtet man die verschiedenen Fortbewegungsarten der Lebewesen, so ist es äußerst faszinierend zu erkunden, wie eigentlich all die so unterschiedlichen und raffinierten Fortbewegungsarten ablaufen und in welchem Zusammenhang sie zum Lebensraum stehen. Daran schließt sich eine der interessantesten Fragen der Evolutionsbiologie an: Entsprangen im Lauf der langen Entwicklungsgeschichte all die Neuerungen und Fortschritte dem »evolutionären Wettrüsten«? Die Evolution der Fortbewegung als die Olympischen Spiele der Fauna, bei der die Überlebens- und Fortpflanzungsvorteile der verschiedenen Fortbewegungsarten über die weitere Entwicklung entschieden? Wohl kaum, denn damit ließe sich nicht erklären, warum sich aus den Schuppen der Echsen Federn bildeten, lange bevor daraus zum Fliegen taugliche Flügel wurden. Laufen, Springen, Fliegen, Schwimmen, Graben und Wühlen sind Leistungen, die nicht im Wettlauf mit den Freßfeinden entstanden; vielmehr setzten ganz unterschiedliche Zwänge der Umwelt die Entwicklungen in Gang, die meist erst viel später die heutigen Funktionen übernahmen.

Der Autor

Josef H. Reichholf, am 17. April 1945 geboren, ist seit 1985 Professor in München. Er arbeitet als Wissenschaftler an der Zoologischen Staatssammlung und lehrt Evolutionsbiologie, Tiergeographie und Ökologie. Mitglied verschiedener internationaler wissenschaftlicher Vereinigungen, Vorstandsmitglied des deutschen World Wide Fund for Nature (WWF). Neben vielen Fachpublikationen veröffentlichte er eine große Zahl von Büchern, darunter zuletzt ›Das Rätsel der Menschwerdung‹ (1990), ›Der Tropische Regenwald‹ (1990) und ›Der schöpferische Impuls‹ (1992).

Einleitung

Eine merkwürdige Faszination geht von der Geschwindigkeit aus. Kaum jemand kann sich freimachen von dem Drang, schneller als andere zu sein. Nur allzu oft gerät dieser Drang zum Geschwindigkeitsrausch – mit fatalen Folgen. Die kluge Erfindung der Wettkämpfe läßt andere für uns sprinten, rasen, fliegen oder schwimmen. Die Sieger werden gefeiert – weltweit! Gäbe es die Olympiaden nicht schon längst, sie wären mit Sicherheit erfunden worden wie Autorennen und Schauflüge oder raffinierte Reaktionsgeschwindigkeitstests, die in Form von Spielautomaten gleich abkassieren.

Was steckt hinter dieser fast neurotischen Verherrlichung der Geschwindigkeit? Warum lassen sich so viele vernünftige Menschen dazu bringen, höchst unvernünftig bis an die Grenzen der Möglichkeiten – oder darüber hinaus – die eigene Leistungsfähigkeit herauszufordern, bis hin zum Dopingschwindel? Was hat man davon, mit Vollgas rasend, um jeden Preis den oder die anderen zu überholen? Warum schaltet sich anscheinend das Bewußtsein aus, wenn der Mensch solcherart in Raserei verfällt, die den Straßenverkehr ungleich lebensgefährlicher macht als das Fliegen mit hochkomplizierten Fluggeräten? Die Einwohnerzahl ganzer Städte kostet alljährlich der Autoverkehr in Mitteleuropa, so viele Menschen kommen dabei ums Leben. Trotzdem wurden die Autos in den letzten Jahren und Jahrzehnten nicht nur nicht langsamer und damit sicherer, sondern immer schneller. Argwöhnten besorgte Zeitgenossen vor 100 Jahren noch, die Eisenbahn wäre eine gänzlich nutzlose Erfindung, weil ihre damaligen Geschwindigkeiten von 30 bis 50 Kilometern in der Stunde den menschlichen Organismus hoffnungslos überfordern würden, so lehrte die Entwicklung, daß diese Ansicht ein großer Irrtum war. Heute fahren Hochgeschwindigkeitszüge mit weit über 300 km/h, und auf den Autobahnen flitzen Fahrzeuge mit über 200 km/h an den »besorgteren« Zeitgenossen der 90er Jahre des 20. Jahrhunderts vorüber, die vielleicht gerade »nur« 130 oder 150 km/h fahren. Ganz zu schweigen von den Flugzeugen, die mit fast 1000 km/h ruhebedürftige Ferntouristen in wenigen Stunden zu weltfernen Zielen bringen. Diese Hochgeschwindigkeitsreisenden unserer Zeit nehmen beinahe wie Zuschauer vor dem Bildschirm nur noch passiv wahr, was wirklich passiert: Befreit von der Erdenschwere und abgehoben in 10000 Meter Höhe rasen sie einem Ziel entgegen, das weit jenseits des Horizonts liegt und nur dank der Instrumentennavigation überhaupt angepeilt werden kann. Wen die Angst vor dem Fliegen nicht abhält, der wird das »erhebende Gefühl« kennen, wenn so ein Riesengebilde aus modernster Technik und Aluminium, von der gewaltigen Kraft der Triebwerke angehoben, den Boden verlassen hat und die Wolken durchstößt.

Was treibt den Menschen dazu, für diese ungemein aufwendige Art und Weise der Fortbewegung mit technischen Geräten nicht nur größte persönliche Risiken einzugehen, sondern Flächen mit Teer und Beton zuzukleistern und die Straßensysteme dicht wie gigantische Spinnennetze über wunderschönen Landschaften zusammenzuziehen. Die Straßen bedecken mittlerweile mehr Land als der von den Menschen unmittelbar beanspruchte Wohn- und Wirtschaftsraum. Die Verschmutzung der Luft mit Abgasen kommt hinzu; sie bedroht nun bereits das Klima der ganzen Erde.

In den Verkehr fließt das 10- bis 50fache der Energie, die von Menschen für Lebenserhaltung und zweibeinige Fortbewegung benötigt wird. Wir sind bereit, diesen Preis zu entrichten, fast um jeden Preis. Die Geschwindigkeit der Veränderung, die sich in den vergangenen 100 bis 150 Jahren vollzogen hat, war so groß, daß die Umgangssprache nicht »schritthalten« konnte. Wir wollen »laufend« Neues; die alten Er-»Fahrungen« reichen uns nicht; der Fort-»Schritt« heißt Mobilität.

Wer sich vom Tempo der Zeit »absetzt«, wird zum »Aussteiger«. Die Fähigkeiten zu Ruhe und innerer Kontemplation sind nicht gefragt; wer sie dennoch braucht oder in Anspruch nehmen möchte, dem fährt der »Zug der Zeit« davon.

Sind wir, die wir so reagieren, eine Fehlkonstruktion der Natur, ein Mängelwesen, das eigentlich noch nach Art der Schimpansen oder Gorillas, unseren nächsten Verwandten, gebaut ist und das für die Produkte der modernen Technik nicht taugt? Die Vorstellung entbehrt nicht eines gewissen Reizes: Da sitzt am Steuer eines supermodernen Sportwagens ein etwas großgewachsener Schimpanse, der eine menschenähnliche Maske trägt und so tut, als ob er die Maschine voll im Griff hätte. Kaum auf Touren gekommen, fällt die Maske, und der Affe rast los. Die Folgen sind bekannt, und leider nicht nur für ihn allein viel zu oft fatal.

Das Bild ist gar nicht einmal so schief, wie es aus der Sicht eines fairen Vergleiches zu sein scheint. Denn zu 98,8 Prozent stimmt unser menschliches Erbgut mit dem des Schimpansen überein. Viele, wenn nicht nahezu alle unsere Reaktionen und Reaktionsfähigkeiten sind gerade so angelegt wie bei ihm. Es fällt schwer, zu glauben, daß die nur 1,2 Prozent, die uns von ihm trennen, zu nichts anderem dasein sollten als für die Beherrschung von Autos, Flugzeugen und Raketen. Zumindest konnte der sich aus den gemeinsamen Vorfahren von Schimpansen und Menschen entwickelnde Primat keine (Vor-)Ahnung davon gehabt haben, mit welchen Maschinen er ausgangs des 20. Jahrhunderts konfrontiert sein würde, als er seine Fährten über die ostafrikanischen Savannen zog.

Nun sind Schimpansen und andere hochentwickelte Primaten ziemlich aktive Tiere. Man könnte sich vorstellen, daß der Mensch eine Art Erblast mitschleppt, die ihn so »geschwindigkeitsanfällig« macht. Der Katze, die den größten Teil des Tages mehr oder weniger ununterbrochen zusammengerollt oder wohlig ausgestreckt auf dem Sofa oder an einer anderen angenehmen Stelle verschläft, sagt dieser menschliche Hang zur Geschwindigkeit, könnte sie ihn entsprechend registrieren, mit Sicherheit überhaupt nichts. Ins Auto genommen, wird ihr fürs erste schlecht. Das Auto steht an der Spitze der Todesursachen für Hauskatzen und für eine Unzahl anderer Tiere, für deren Reaktionsvermögen die Fahrtgeschwindigkeit von Autos einfach viel zu groß ist. Für Sprintwettkämpfe geben sich Katzen nicht her. Ziemlich sicher hat man noch nie ernsthaft versucht, ihnen solches beizubringen. Hunde und Pferde dagegen machen mit. Sie lassen sich sogar verhältnismäßig leicht dazu bringen, sich in Wettrennen zu verausgaben. Todesgefahr braucht ihnen dabei nicht vorgegaukelt zu werden. Ob das an ihrer Intelligenz liegt, sei dahingestellt. Eher scheint uns mangelnde Intelligenz der Grund dafür zu sein, daß sich Rennpferde und Windhunde dazu mißbrauchen lassen, für den Menschen zu rasen. Die bekannte Fabel vom Wettlauf zwischen Hase und Igel drückt dies recht deutlich aus. Der Dumme war der Hase, weil er wie ein Verrückter lief, nur um zu gewinnen.

Ein kursorischer Blick ins Tierreich vermittelt also bestenfalls Ratlosigkeit, wenn wir wissen wollen, warum wir so anfällig sind für den Rausch der Geschwindigkeit. Sollten Katze und Igel »Recht haben«, wären wir ganz einfach unter den Dummen einzureihen. Das wäre dann nicht so schlimm, wenn es immer nur die anderen wären, die rasen und über der Geschwindigkeit die Übersicht und den Kopf verlieren. Aber leider ist das nicht so: Anfällig sind wir alle, ob wir es wahrhaben wollen und zugeben oder nicht!

Somit stehen wir reichlich ratlos vor einer möglicherweise menschentypischen Eigenschaft. Es gibt sie. Sie ist beinahe allgegenwärtig, und wir haben keine Ahnung, was sie soll, nachdem uns ihre Auswirkungen mehr nach dem Leben trachten als die Mehrzahl der anderen schlechten Gewohnheiten. Wie sich noch zeigen wird, versteckt sie sich sogar hinter solchen Bedrohungen wie Bluthochdruck und Fettleibigkeit, wobei der Hinweis schon eine weitere Verknüpfung andeutet, die zum Krebs führt.

Das Netzwerk der Fäden reicht viel tiefer, als der erste Blick vermuten läßt. Seine Wurzeln werden uns bis nahe an den Ursprung des Lebens hinabführen, als sich die Wege von Tieren und Pflanzen noch nicht getrennt hatten. Was wir mit unserem Hang zur Geschwindigkeit unmittelbar erleben, wird sich als Folge von Entwicklungsprozessen herausstellen, die seit Hunderten von Jahrmillionen ablaufen. Die Fortbewegung ist eines der großen, durchgängigen Erfolgsprinzipien der Evolution.

Die 1000jährige Eiche bliebe eine unbedeutende Episode, hätte sie die kleine Maus nicht, die ihre Eicheln wegschleppt und irgendwo versteckt, um später davon zu zehren. Vergißt sie eine davon, und liegt diese auch noch an passender Stelle, gelingt der Eiche, wenn noch viele andere Umstände glücklich für sie verlaufen, vielleicht die Fortpflanzung. Sie selbst kann sich nicht dorthin begeben, wo der Nachwuchs gute Chancen haben könnte. Sie ist und bleibt auf die Hilfe von solchen »Eintagsfliegen«, verglichen mit ihrem Alter und ihrer Beständigkeit, angewiesen, wie es die kleinen Mäuse oder die Eichelhäher sind. Und so geht es allen anderen richtigen Pflanzen auch: Sie sitzen fest und können sich nur passiv ausbreiten. Was der Standort bietet, damit haben sie auszukommen, andernfalls gehen sie zugrunde.

Schon ein kleines, noch recht einfach gebautes Tier ist demgegenüber bereits ein Virtuose an Beweglichkeit und in der Lage, die zum Leben günstigeren Stellen aufzusuchen und die anderen zu meiden. Zwischen ihnen, den Anfängen der aktiven Fortbewegung und den

Spitzenleistungen im Laufen, Fliegen, Schwimmen und anderen Formen der Fortbewegung spannt sich der Bogen über einen Evolutionstrend, dessen Spitzenpositionen Kolibris und Fledermäuse, Thunfische und Schwertwale, Gazellen und Geparden einnehmen. Es kostete uns Menschen ziemlich gewaltige Anstrengungen, um auf Umwegen und mit Hilfsmitteln die schnellsten Sprinter, Flieger und Schwimmer von ihren Spitzenplätzen zu verdrängen.

Doch es soll und wird in diesem Buch nicht um Rekorde oder andere, vordergründige Spitzenleistungen gehen, sondern vielmehr um die grundlegenderen Zusammenhänge, die zu solchen Entwicklungen geführt haben. Daraus ergeben sich – hoffentlich – einige Einsichten in das Zustandekommen solcher »Neigungen«, wie wir sie bei uns Menschen feststellen müssen. Die unmittelbaren Fragen, warum wir so anfällig für den Reiz der Geschwindigkeit sind, wird der etwas ausführlichere Blick in die Entstehungsursachen und Vorteile der Beweglichkeit nicht beantworten können. Aber vielleicht sind die Befunde und die daran geknüpften Überlegungen zur Evolution der Fortbewegungsformen ganz hilfreich, wenn es darum geht, den Blickwinkel der Betrachtung einzuordnen.

Wenn etwas am Menschen den heutigen Anforderungen nicht gerechtzuwerden scheint, dann sind Urteile, wie: »der Mensch ist eben eine Fehlentwicklung der Natur« schnell bei der Hand. Einzelne Auswüchse und echtes Fehlverhalten müssen aber noch lange nicht das Verhalten oder gar den Lebensweg einer Art charakterisieren.

Wenn Kolibris das beinahe 100fache ihres Grundumsatzes einsetzen, um winzigste Insekten zu fangen und damit – auf ihre eigene geringe Größe bezogen – täglich mehr als das Körpergewicht an Blütennektar verbrennen, so kommt das in der rein energetischen Bilanz den Verhältnissen nahe, die sich ergeben, wenn jemand mit dem Auto Dutzende von Kilometer aufs Land hinausfährt, um dort auf einem Bauernhof ein paar Eier zu kaufen. Sind die Kolibris als die energetisch aufwendigste Lebensform unter den Vögeln deswegen eine Fehlentwicklung der Natur?

Eine rein energiebezogene Betrachtung der Verhältnisse erzeugt – das ist ein zentrales Ergebnis dieses Buches – ein höchst verzerrtes Bild. Der Einsatz von Energie ist im Tierreich in aller Regel ein »Mittel zum Zweck«. Aber es verbindet sich noch mehr damit beispielsweise wenn zwar Energie »eingefangen« worden ist, aber nicht abgearbeitet werden kann.

Solche Verhältnisse finden wir bei den Pflanzen. Sie können Energie nicht unmittelbar speichern, sondern nur in umgewandelter Form als energiereiche chemische Verbindungen. Letztendlich dient die Energie aber immer dazu, die für Leben und Fortpflanzung benötigten Stoffe herbeizuschaffen oder den Körper dorthin zu bewegen, wo es diese lebenserhaltenden Stoffe gibt. Wo im Naturhaushalt mit der Energie sparsam umgegangen wird, herrscht Mangel. Energetisch gesehen, sind die Organismen im Lauf der Evolution immer aufwendiger geworden.

Nicht Primaten oder andere Säugetiere, ein paar besondere Fledermausarten ausgenommen, verbrauchen die meiste Energie pro Gramm Körpergewicht oder auf gleiche Körpergröße bezogen, sondern die Vögel. Der Ursprung beider Gruppen, der Vögel wie der Säugetiere, liegt im fernen Erdmittelalter. Vor mehr als 100 Millionen Jahren haben sich diese beiden energetisch aufwendigsten Gruppen unabhängig voneinander aus bestimmten Linien von Kriechtieren entwickelt. Die Kriechtiere, die Reptilien, waren und sind weit weniger anspruchsvoll als ihre weiterentwickelten Sprosse, die Säugetiere und die Vögel. Und so führt der Weg zurück über die Fische zu den noch nicht mit Wirbeln ausgestatteten fernen Vorfahren der großen Stammeslinie der Wirbeltiere. Wir kommen an Gabelungen, queren andere Linien, die, wie die Insekten, gleichfalls das Laufen, Fliegen, Schwimmen und Graben beherrschen, aber dazu ungleich weniger Energie aufwenden als die größeren und schwereren Wirbeltiere.

Schließlich finden wir ganz unten, nahe der Basis der Entwicklung der Organismen, eine kleine, bewegliche Lebensform, die mal Tier, mal Pflanze sein kann. Je nach Bedarf und in Abhängigkeit von den Umweltbedingungen lebt dieses Geißeltierchen als »Tier« oder als »Pflanze«. Es nimmt winzig kleine Algen in seinen Körper auf, die es mit Produkten der Photosynthese versorgen. Ohne diese symbiontischen Algen kommt es auch zurecht, wenn das Wasser genug Nahrung in Form von Bakterien bietet. Es ist ziemlich müßig, diese Geißeltierchen, zum Beispiel Euglena, den Tieren oder den Pflanzen zuordnen zu wollen. Die Trennung ergibt noch keinen Sinn. Erst dann wurde sie bedeutsam, als sich die Wege der Entwicklung getrennt hatten. Und hierbei spielt die Beweglichkeit die

Hauptrolle. So wurde die Fortbewegung fast von Anfang an zu einer Art Triebkraft der Evolution. Und als solche wirkt sie nach – auch bei uns Menschen und gerade in unserer Zeit.

Die Kapitel über die verschiedenen Grundformen der Fortbewegung, ihr Zustandekommen und ihre Leistungen, enthalten keine Abbildungen. Mancher Leser wird dies als Mangel empfinden; verständlicherweise, denn das Bild verdeutlicht besser als der beste Text, worum es geht. Unsere Augen und unser Gehirn verarbeiten Bilder besser und schneller als Ersatzbilder, wie sie von Worten geliefert werden. Denn zu den Worten und Begriffen müssen im Gehirn erst Bilder oder komplexe Vorstellungsgebilde aktiviert werden, bevor wir sie richtig verarbeiten können.

Wenn ich trotzdem auf Bebilderung verzichte, so hat dies vor allem zwei, wie ich meine, sehr gewichtige Gründe. Der erste ist mehr formaler Natur: Bilder legen zu schnell und zu stark fest, wenn es um allgemeine Entwicklungen geht. Sie sind – als Spezialfälle – zu speziell, um die ganze Breite von Prozessen abdecken zu können. Dadurch entsteht unter Umständen leicht ein »schiefes Bild«. Diese Schwierigkeit könnte mit einer entsprechend umfassenden, ausgefeilten Bebilderung begegnet werden.

Der zweite Grund ist der gewichtigere: Es geht hier vornehmlich um Bewegungen, um Vorgänge und Entwicklungen. Bilder können nichts weiter als statische Momentausschnitte aus Abläufen wiedergeben. Das geeignetere Instrument wäre der Film; und zwar ein Film, der auf beiden Achsen verläuft, auf der Achse der Gegenwart, in der sich die Bewegungsabläufe vollziehen, ihren Nutzen und ihre Kosten entfalten, sowie auf der Zeitachse der Evolution, also Millionen von Jahren durcheilend. Beide Mittel stehen dem Buch nicht zur Verfügung. So bleibt mir nur die Wahl, die Abläufe und Überlegungen so zu schildern, daß sie nachvollziehbar werden.

Um diesem Ziel möglichst nahe zu kommen, werde ich auch Fachausdrücke so weit wie möglich vermeiden und nur an solchen Stellen, wo es unumgänglich ist, die Fachliteratur anführen. Eine Auswahl findet sich im Literaturverzeichnis für diejenigen Leser, die tiefer in die Details hineinsehen möchten.

Eine Reihe von Überlegungen und Interpretationen zum Zusammenhang von Fortbewegung und Evolution stammt aus meiner eigenen Forschung. Die Folgerungen daraus werden nicht immer Zustimmung finden, vor allem, wenn sie von herkömmlichen »Lehrmeinungen« abweichen. Das schadet nichts. Ein veränderter Blickwinkel oder eine neue Sichtweise tun mitunter auch Lehrmeinungen gut, damit sie nicht Gefahr laufen, zum Dogma zu werden. Das Buch ist ohnehin nicht dazu gedacht, nur eine Sammlung von Daten und Fakten über die Fortbewegung von Tieren anzubieten. Es möchte etwas ganz anderes: Es soll dazu anregen, über die Entstehung der Beweglichkeit und über unseren eigenen Umgang mit Geschwindigkeit und Energie nachzudenken. Denn auch wenn den Hauptteil Läufer und Springer, Flieger und Schwimmer aus dem Tierreich bestreiten, hat dieser Ausblick auf uns Menschen seine Berechtigung und seinen Sinn, verbindet uns doch eine gemeinsame Entstehungsgeschichte mit den anderen Lebewesen. Vielleicht rückt ihre Betrachtung manche nur auf den Menschen ausgerichtete Sicht etwas zurecht.

Ich finde es unerträglich, wenn sogar Biologen, die es wirklich besser wissen sollten, im Menschen häufig so etwas wie einen Betriebsunfall der Natur sehen wollen. Jedes Lebewesen geht mit der Energie verschwenderisch um – so es kann. Wie wir Menschen damit umgehen sollen, darf keinesfalls aus einer idealisierten Natur abgeleitet werden.

Aber zu sehen, wie Abläufe in der Natur funktionieren, eröffnet uns Einblicke in Möglichkeiten, mit unseren menschengemachten Problemen umzugehen. Beweglichkeit hat ihren Preis. Das war schon immer so. Wie hoch wir ihn für uns ansetzen dürfen, ist unsere Sache.

1. Kapitel
Laufen

Ins hohe Steppengras geduckt, die Schultern hochgezogen und die Nackenhaare gesträubt, schiebt sich der Gepard immer dann ein paar Schritte voran, wenn die Gazelle den Kopf gesenkt hat, um Gras abzuknabbern. Es ist kein elegantes Schleichen, sondern vielmehr eine Folge kurzer, ruckartiger Bewegungen, die sogleich wieder erstarren. Die Spitze des langen Schwanzes zuckt ein wenig, die extreme Anspannung verratend, unter der das Tier steht. Die dunklen Flecken auf sandbraunem Untergrund lassen das Fell des Geparden mit dem Hintergrund verschwimmen. Die Gazelle scheint noch nichts von der Gefahr bemerkt zu haben – oder doch? Kaum daß sie den Kopf ins Gras gesenkt hat, reißt sie ihn wieder hoch und äugt umher. Genau so schnell und im selben Rhythmus friert der Gepard seine Bewegung wieder ein. Er ist doppelt im Vorteil, weil er den Startzeitpunkt bestimmen kann und die günstigere Position hat. Die Gazelle muß sich hoch aufrichten, um die Übersicht nicht zu verlieren. Der Gepard duckt sich zum Absprung. Dann »explodiert« er: Pfeilschnell – der Ausdruck ist nicht übertrieben – schießt er auf die Gazelle zu. Nach nur 5 bis 6 Sekunden erreicht er Tempo 100, Augenblicke danach die Spitzengeschwindigkeit von 120 Kilometern pro Stunde. Solche Beschleunigungswerte könnten der Autowerbung entnommen sein. Der Gepard ist der schnellste Läufer, dennoch würde ihn jeder mäßige Sportler mühelos einholen.

Der weitere Verlauf der Jagd zeigt, warum das so ist. Die Gazelle spurtet fast im selben Moment wie der Gepard los. Die Verzögerung beträgt kaum mehr als ein paar Zehntelsekunden. Ihre Spitzengeschwindigkeit liegt bei 75 km/h. Sie erreicht also nur zwei Drittel bis drei Viertel der Geschwindigkeit der Katze, genug, um vom Geparden eine deutlich höhere Leistung zu fordern.

Der Wettlauf geht auf Leben oder Tod: Zuerst sieht es höchst bedrohlich für die Gazelle aus. Der Gepard kommt mit rasendem Tempo näher. Aber je mehr sie selbst an Geschwindigkeit gewinnt, um so weniger holt der Gepard auf. Die Entscheidung fällt nach nur ein paar Hundert Metern. Gelingt es dem Verfolger nicht, innerhalb dieser kritischen Strecke die Gazelle zu packen, hat er keine Chance mehr. Heftig keuchend und total erschöpft bleibt er stehen, mitunter nur ein paar Meter von der Gazelle entfernt, auch sie atmet schwer. Beide sind unfähig, den Lauf fortzusetzen. Die Gazelle hat gewonnen. Sie wird sich schneller wieder erholen als der Gepard. Nun könnte man diesen Supersprinter der Tierwelt mühelos einholen, selbst wenn der Gepard einen Kilometer Vorsprung gehabt hätte. Geschwindigkeit hat ihren Preis. Dem sprintenden Geparden geht es nicht anders als dem 100-Meter-Läufer, der mit knapp unter 10 Sekunden Weltrekord erzielt: Nach diesem Kurzstreckensprint ist er fix und fertig.

Der Gepard muß die Beute zu fassen bekommen, bevor er diesen Erschöpfungszustand erreicht. Seine Strategie der Hetzjagd fordert ihn selbst wie auch die Beute aufs äußerste. Sein Körper ist auf Sprint optimiert: Schmal und schlank gebaut, ohne Schwere und mit nahezu idealen Verhältnissen zwischen Körperbau und Muskulatur, ermöglicht dieser Konstruktionstyp Höchstgeschwindigkeiten, aber kein ungestümes Zubeißen oder machtvolles Zuschlagen mit krallenbewehrten Pranken. Die Geparden können, wie auch die Hunde, ihre Krallen nicht zurückziehen. Darin weichen sie von ihrer Katzenverwandtschaft ab.

Wie kann dann aber der Gepard seine Beute bezwingen? Immerhin tragen Gazellen scharfkantige Hufe, und zumindest ältere Böcke könnten mit spitzen Hörnern Verletzungen zufügen, die sich ein Sprinter, der auf einen perfekt funktionierenden Körper angewiesen ist, nicht leisten kann. Geparden versetzen nur Jungtieren oder sehr schwachen Gazellen unmittelbar tödliche Bisse. Gesunde, kräftige Gazellen, die sie aus dem Sprint heraus zu fassen bekommen, werden erdrosselt. Der Gepard faßt sie an der Kehle und drückt zu. Die ohnehin schon im Höchstmaß geforderte Lunge bekommt keine Luft mehr. Das Kohlendioxid staut sich und betäubt in Sekundenschnelle das Tier. Zu einem Todeskampf kommt es so gut wie nie.

Es dauert lange, mitunter Stunden, bis der Gepard nach erfolgreicher Jagd in der Lage ist, die Beute zu verzehren. Auch er muß erst wieder zu Kräften kommen und seine Atmung normalisieren.

Ist es nicht seltsam, daß ein so vollendet erscheinendes Tier, das schnellste unter allen Säugetieren, eine so komplizierte Jagd betreiben muß? Sollte einem solchen Spitzenprodukt der Raubtierevolution nicht der Erfolg sicher sein? Eine solche Annahme liegt nahe, denn der Schnellste sollte nach Darwin auch der Beste im Kampf ums Dasein werden. Wer so gut sprinten kann wie der Gepard, dem gebührt nicht nur die Spitzenposition im Buch der Rekorde, sondern auch der Erfolg im Wettstreit um das Überleben. Charles Darwin prägte den so treffenden und so verständlichen Begriff »survival of the fittest«, was sich mit Überleben der Tauglichsten, der Tüchtigsten oder der Besten übersetzen läßt.

Die Spitzenstellung des Geparden ist so offensichtlich, daß sich der Blick auf die Gazellen lohnt. Wie schaffen und wie schafften sie es, unter der Einwirkung eines derart leistungsfähigen Feindes als Art zu überleben? Denn wenn nur die besten, die kräftigsten Gazellenböcke davonkommen, weil sie rechtzeitig starten und die Geschwindigkeit erreichen, die ausreicht für die kritische Distanz, dann genügt dies gewiß nicht, die ganze Art zu erhalten. Hochträchtige Gazellenweibchen können bestimmt nicht annähernd so schnell starten und laufen wie die Böcke, ganz zu schweigen von den Jungtieren. Oder können sie vielleicht doch schnell genug laufen, weil sie Hunderttausende oder Millionen von Jahren dem Druck der immer schneller werdenden Feinde ausgesetzt gewesen sind?

Was macht die schnellen Beine in der Evolution? Woher kommen sie? Warum haben sie sich entwickelt? Können die Gazellen heute deswegen überleben, weil ein ausreichend großer Anteil von ihnen nicht den Geparden oder anderen Feinden zum Opfer fällt? Sind die Geparden solch phänomenale Sprinter deswegen geworden, weil ihre Beute immer schneller wurde?

Mit Fragen dieser Art setzt sich die Evolutionsbiologie auseinander. Sie versucht zu klären, wie und wann es zu bestimmten, heute auffälligen oder bedeutsamen Entwicklungen gekommen ist. Die Fortbewegung ist eines ihrer zentralen Themen, weil sich die großen Reiche der Pflanzen und der Tiere gerade in der Fähigkeit zur Fortbewegung grundsätzlich voneinander unterscheiden.

Aber bleiben wir zunächst beim Beispiel von Gepard und Gazelle: Handelt es sich dabei um einen evolutionären Wettlauf? Bezogen auf die beiden Akteure, den sprintenden Geparden und die davonsausende Gazelle, liegt das Ergebnis auf der Hand. Es wäre für den Geparden bedeutend einfacher, an Nahrung zu kommen, wenn die Gazellen nicht so schnell wären, und umgekehrt hätten die

Gazellen ein leichteres Leben, wenn sie noch schneller spurten könnten.

Bewerten wir ihre Leistungen, verfügen beide aus der Sicht eines menschlichen Sprinters über hervorragende Fähigkeiten. Ihre Spitzengeschwindigkeiten liegen weit über den mageren 36 km/h, die ein Mensch beim 100-Meter-Lauf erreicht. Nicht einmal die 45 km/h beim fliegenden Start reichen an sie heran. Auch ein Flußpferd übertrifft unsere Sprinter deutlich, und bei jeder Olympiade liefe ein plumpes Nashorn mit seinen 51 km/h Höchstgeschwindigkeit unseren besten Läufern glatt davon.

Muß man vielleicht die Perspektive verändern und den Menschen grundsätzlich anders einordnen als die schnellen Läufer im Tierreich? Ist deren Laufvermögen auf einer »höheren« Ebene anzusiedeln? Ist vielleicht bei Gepard und Gazelle gar nicht auszumachen, wer wessen Entwicklung anspornte? Was Ursache und was Wirkung war, muß zunächst offenbleiben. Denn man könnte sich vorstellen, daß die Gazellen immer schneller werden mußten, weil die schnelleren Geparden zu große Erfolge hatten. Genau so gut könnte man sich aber das Umgekehrte vorstellen und den Geparden zum Gezogenen machen, dem gar keine andere Wahl blieb, als immer schneller zu werden.

Vielleicht hat es aber weder das eine, noch das andere allein für sich gegeben. Feind und Beute stehen in Wechselwirkung zueinander. Verbesserungen auf der einen Seite ziehen Verbesserungen auf der anderen nach sich – und umgekehrt. So entsteht eine Spirale, die sich selbst zu immer größeren Leistungen hochschraubt. Aus plumpen Raubtieren und wenig beweglicher Beute werden im Lauf der Jahrmillionen flinke Feinde und schnelle Gejagte. In der Evolutionsbiologie wird eine solche gemeinsame Entwicklung als Co-Evolution bezeichnet. Gepard und Gazelle, oder allgemeiner ausgedrückt, Räuber und Beute, gelten als Musterbeispiel für eine solche Co-Evolution. Die Schnelligkeit beider läßt sich aus dieser evolutionären Wechselbeziehung erklären.

Ihrer Natur nach ist sie aufbauend. Zug um Zug Verbesserungen zu entwickeln bedeutet etwas ganz anderes als das »Aug um Aug, Zahn um Zahn«, das als Primitivversion des Darwinschen Prinzips vom Überleben des Tüchtigeren den »Kampf ums Dasein« charakterisieren sollte. Bei der Co-Evolution geht es um eine besondere Art von Wettstreit, die nicht wie bei den olympischen Rennen um

Hundertstelsekunden ringt, sondern in wechselseitiger Abstimmung die Leistungsfähigkeit beider Partner verbessert: eine schöne Vorstellung, doch leider in unserem Fall kaum mehr als nur eine Vorstellung. Die Wirklichkeit sieht noch einmal anders aus, ziemlich anders sogar.

Der Gepard ist zwar das schnellste unter den Raubtieren der afrikanischen Steppen und Savannen, aber dieser Vorzug zahlt sich anscheinend überhaupt nicht aus. Seine Blitzstarts schlagen in mehr als der Hälfte der Fälle fehl. Die Beute entkommt und läßt ein atemloses Spitzenprodukt der Evolution mit leerem Magen zurück. Und selbst bei erfolgreicher Jagd kann er sich nur in vielleicht der Hälfte der Fälle den Magen füllen, weil andere sofort zur Stelle sind: Hyänen oder Löwen scheinen manchmal einen Geparden für ihre Zwecke laufen zu lassen. Bis dieser sich wieder so weit erholt hat, daß er mit dem Verzehr der Beute beginnen könnte, ist davon nichts mehr übrig. Oder die übermächtigen Löwen machen einfach dem erschöpften Geparden wieder Beine; auf eine Auseinandersetzung mit ihnen kann er sich gar nicht einlassen. Solche für den pfeilschnellen Geparden höchst unliebsame Begegnungen treten so häufig auf, daß sie tatsächlich einen Großteil ihrer Beute verlieren. Der Jagderfolg der Geparden ist genauer untersucht: Alles in allem bringen vielleicht 10 bis 20 Prozent der Spurts Erfolg; nicht gerade viel, um daraus einen gewichtigen Evolutionsvorteil ableiten zu können. Bezogen auf den Aufwand, gemessen am Energieeinsatz für die Jagd, handelt es sich sogar um einen miserablen Erfolgsanteil.

Und ähnlich miserabel steht es um die Bestände der Geparden: Sie nehmen fast überall ab, wo die Art überhaupt noch vorkommt. In historischer Zeit war der Gepard viel weiter als heute verbreitet. Sein Areal erstreckte sich von den Ebenen Nordindiens über die vorderasiatischen Steppen bis zur Südspitze von Afrika. Mit Ausnahme der Vollwüstengebiete war auch die Sahara mit ihren Randbereichen besiedelt. Nur die dichten Wälder mußte der Gepard aus naheliegenden Gründen meiden. Dort zählten Lauerjagd und Sprunggewalt; zwei Eigenschaften, die dem Gepard abgehen. In den nordindisch-vorderasiatischen Steppen muß er noch vor 1000 Jahren ziemlich verbreitet und nicht selten gewesen sein, denn dort hatten ihn die Fürsten zum Jagdleoparden gezähmt und zur Gazellenjagd abgerichtet. Von dort stammt auch sein englischer Name

Cheetah, der sich vom indischen Chital ableitet. Es bedeutet der »Gefleckte«. Mit Geparden jagten aber lange vorher schon die Pharaonen am Nil. Hervorragend naturalistische Reliefs und Gemälde an ägyptischen Tempeln und Grabmälern zeugen davon.

Die heutigen Restvorkommen in Ost- und Südafrika müssen daher nicht unbedingt die Verhältnisse widerspiegeln, die zu anderen Zeiten im Verbreitungsgebiet des Geparden geherrscht hatten. Eine evolutionsbiologisch sinnvolle Betrachtung setzt voraus, daß nicht nur der aktuelle Stand zugrundegelegt wird, sondern sein Zustandekommen über die langen Zeiträume der Entwicklung. Umstände, die möglicherweise gar nichts mit der Effizienz der Jagd zu tun haben, könnten die Ursache dafür sein, daß der Gepard heute einer der Schwächsten in der Reihe der afrikanischen Raubtiere geworden ist. Diese Einstufung paßt ganz und gar nicht zur vorherrschenden Auffassung. Schließlich handelt es sich bei Gepard und Gazelle um eines der Paradebeispiele von Co-Evolution: Schnelle Räuber erzeugen schnelle Beine bei der Beute, und dies wiederum verbessert die Schnelligkeit der Räuber – und so fort! Der Prozeß schaukelt sich selbst auf. Gepard und Gazelle sollten kein Spezialfall sein, sondern ein Musterbeispiel für ein allgemeines Prinzip.

Doch bei erweiterter Betrachtung kommen Zweifel auf. Geparden teilen sich Lebensraum und Beute mit Löwen und Leoparden, Hyänen und Wildhunden, mit Luchsen und Schakalen. Im früheren Verbreitungsgebiet kommen Tiger und Wölfe zu dieser Reihe größerer bis großer Raubtiere hinzu. Und auch die Gazellen stehen keineswegs für sich allein. Die Raubtiere können auswählen zwischen so großen und wehrhaften Beutetierarten wie Büffel oder Oryxantilopen einerseits und kleinen Dikdiks oder Hasen andererseits. Die Gazellen und Antilopen nehmen die mittleren Größenklassen ein. Im indisch-vorderasiatischen Raum erweitern Vertreter der Hirsche das Spektrum in der mittleren Größenklasse.

Und auch das ist nur eine grobe Einteilung: An jedem Ort des Vorkommens stehen den Raubtieren wenigstens zwei bis drei profitable, unterschiedlich wehrhafte Arten als mögliche Beute zur Verfügung. Meistens sind es aber 5 bis 10 verschiedene Arten. In der Auseinandersetzung zwischen Raubtier und Beute handelt es sich also nicht um ein System, das nur zwei Arten wechselseitig bestreiten, sondern um Gruppen höchst unterschiedlicher Arten. Der Hinweis, daß Löwen und Hyänen oftmals den Geparden die Beute abnehmen, deutete dies schon an.

Betrachten wir die wichtigsten Vertreter etwas genauer: Löwe und Leopard, Hyäne und Wildhund. Afrika dürfen wir nun getrost als Hauptbezugsraum auswählen, weil es auch in jenen vergangenen Zeiten, als Geparden in Nordindien und Vorderasien lebten, dort Löwen gab. Ein letzter Rest dieser Indischen Löwen kommt noch im Ghir-Wald in der Halbwüste im Südwesten Indiens vor. Dem Afrikanischen Wildhund (Lycaon pictus) entspricht der Rotwolf (Cuon alpinus), und auch die übrigen größeren, mittelgroßen und kleineren Raubtiere beider Regionen sind sich recht ähnlich. Das Beziehungsgefüge, in welchem sich der Gepard im früheren asiatischen Teil seines Areals befunden hatte, kann demnach nicht ganz anders geartet gewesen sein.

Allerdings gibt es nirgends sonst auf der Erde eine vergleichbare Reichhaltigkeit an Gazellen und kleineren Antilopen wie gerade in Afrika. Vermutlich überlebten die Geparden deshalb in Afrika und nicht in den abgelegenen Steppen Vorderasiens.

Schweifen wir vom Thema ab? Die beeindruckende Vielfalt der Steppen- und Savannentiere könnte dazu in der Tat leicht verleiten. Es kommt nicht von ungefähr, daß zahlreiche der Symboltiere, die wir Menschen benutzen, von dort stammen. Der Löwe etwa, von dem es sicher mehr Standbilder oder Abbilder außerhalb des heutigen Vorkommens als lebende Vorbilder gibt. Ihn brauchen wir nun. Ihn wollen wir zum Kronzeugen machen. Daß er dem wundervollen Geparden überall dort das Leben schwer macht, wo beide Arten gemeinsam vorkommen, ist schlimm für beide. Schlimmeres aber noch bahnt sich für die Theorie an, wenn wir ihn in die Betrachtung der evolutionsbiologischen Zusammenhänge mit einbeziehen.

Er ist so ziemlich das krasse Gegenstück zum grazilen, leichtfüßigen und schnellen Geparden. Und er ist in jeder Hinsicht der Sieger, in der direkten Auseinandersetzung wie im evolutionären Wettrennen. Die trägen, schweren Löwen sind viel häufiger und haben das weitaus größere Areal, nicht die schnelleren Geparden! Löwinnen spurten zwar auch recht gut (als Spitzengeschwindigkeit sollen sie sogar nahezu 75 km/h erreichen), aber die großen, schweren Löwenmännchen gewiß nicht: Sie lassen jagen, und zwar hauptsächlich die Weibchen ihres Rudels, aber eben auch Geparden.

Sogar die als »feige Aasjäger« abqualifizierten Tüpfelhyänen (Crocuta crocuta) erbeuten eine größere Menge lebender Tiere als die Löwen. Sie haben eine andere Strategie: Daß Tüpfelhyänen leichtfüßige Gazellen und schnelle Antilopen, kräftige Gnus oder gar so starke Gegner wie die Kaffernbüffel überwältigen können, liegt nicht an ihrer Schnelligkeit, sondern an ihrer präzisen Zusammenarbeit bei der Jagd nach Beute in der Gruppe. Ein kurzer Spurt und ein mächtiger Sprung müssen genügen, um Beute zu machen – und sie genügen. Zurück zu den Geparden: Im Vergleich zu den Löwen und deren Beständen steht es schlecht um sie. Von der Überlegenheit des Geparden bleibt in der Wirklichkeit der afrikanischen Savannen so gut wie nichts mehr übrig. Ihre Jagdweise ist kräftezehrender als die der anderen großen Raubtiere. Ihre Spezialisierung auf Spurtschnelligkeit hindert sie daran, die Beute auch schnell genug verwerten zu können, ehe die stärkeren Löwen, Hyänen oder Leoparden kommen. Und der gelungenste Überraschungsangriff auf kurze Distanz, der noch nicht den vollen Kräfteeinsatz erfordern würde, mißlingt häufig genug, weil die Beute noch nicht genügend erschöpft ist und sich zur Wehr setzen kann; Verletzungen würden ihn, wie erwähnt, stark beeinträchtigen. So zieht der Gepard hinaus in die weiten, offenen Grasländer Afrikas, wo Beute knapp und der Jäger auf große Entfernungen schon sichtbar ist. Und läuft für sein (Über-)Leben.

Spitzensprint als Sackgasse der Evolution? Dieser Verdacht drängt sich auf. Die üppigen Weidegebiete mit ihrem Reichtum an grasenden Säugetieren sind von den anderen, den langsameren, aber kräftigeren Arten besetzt.

Wenn man Geparden im offenen Grasland beobachtet, wo sich ihr Blick angestrengt in die Ferne richten muß, wo die flimmernde Luft die Konturen verzerrt und die Beute undeutlich macht, wo die Distanzen größer und die Beutetiere noch schwerer zu erreichen sind, mag einem die Evolutionsspirale, genannt Co-Evolution, wie graue Theorie erscheinen. Was man beobachtet, ist der Überlebenskampf einer Art, die möglicherweise kurz vor ihrem Aus steht. Doch nicht das Artensterben ist Gegenstand dieses Buches, die Evolution des Laufens ist Thema dieses Kapitels, deshalb nun endgültig zurück zur Tatsache, daß Gazellen phantastisch schnell sind und daß der Gepard noch phantastischer sprinten kann.

Wie sehr wir Menschen vom Laufen fasziniert sind, zeigt eine unserer zahllosen Klischeevorstellungen. Wir haben eine Großkatze zum Symbol einer Automarke gemacht: Der Jaguar ziert als Emblem ein Auto, das man wegen seiner Spurtschnelligkeit und Ausdauer rühmt. Der Jaguar hat freilich keine der beiden Eigenschaften in besonderem Maß. Eine »zahme Katze« ist er zwar nicht, aber eine »lahme« im Vergleich zum Geparden.

Stundenlang liegt und lauert der Jaguar, langsam, fast bedächtig wirkt sein Anschleichen, und typisch ist für ihn die schwerfällige Art der Fortbewegung, nicht unähnlich der von Löwen, wenn sie sich über die Steppe schleppen; der Jaguar wirkt sogar noch schwerfälliger als sein afrikanisch-asiatischer Verwandter, der Leopard. Sprungkraft und Schlaggewalt sind die Kennzeichen dieser Großkatzen.

Im Vergleich dazu trotten die kleinen Wildhunde, die auch unter der Bezeichnung Hyänenhund bekannt sind, leichtfüßig über die Weiten Afrikas. Auch sie jagen, ähnlich wie die Löwen, bevorzugt im Rudel. Dabei überwältigen sie Tiere, die wesentlich größer als sie selbst sind.

Gnus, diese merkwürdig gebauten Verwandten der Rinder, gehören zu ihren wichtigsten Beutetieren. Ausgewachsene Gnus dagegen kann der Gepard nicht erlegen, und Jungtiere werden gewöhnlich von ihren Müttern recht wirkungsvoll verteidigt. Was das Wildhundrudel zuwege bringt, bleibt den Geparden auch dann versagt, wenn sie zu mehreren zusammenarbeiten, was unter Brüdern gar nicht so selten ist. Weibchen, besonders wenn sie Junge führen, sind jedoch meistens allein und auf sich gestellt – wo sie doch gerade dann den größten Nahrungsbedarf haben.

Die schöne Theorie der Co-Evolution von Gepard und Gazelle muß sich noch weitere Fragen gefallen lassen, indem wir die einzig mögliche Wirkweise einer solchen Wechselbeziehung näher untersuchen. Es handelt sich – und nichts anderes ergibt sinnvolle Erkenntnis – um die Frage, wie hoch die Verluste oder die Gewinne sind. Mit Verlust ist in unserem Beispiel der Anteil Gazellen, den Geparden vom örtlichen Bestand erbeuten, gemeint, während der Gewinn aus der Sicht des Geparden im Überschuß liegt, der sich aus dem Ertrag an Beute abzüglich des Kräfteeinsatzes bei der Jagd ergibt.

Da die Natur kein Nullsummenspiel ist, reicht es für die Evolution nicht aus, daß die Gazellen verlieren, was die Geparden gewinnen, um den Aufwand des Jagens betreiben zu können. Nur wenn die Verluste wesentlich über die natürliche Gesamtsterblichkeit hinausgehen, kommt ein zusätzlicher Druck zustande, der nun mit Fug und Recht als Selektionsdruck bezeichnet werden kann. Und nur wenn die Gewinne ganz erheblich den Einsatz übersteigen, bedeuten sie einen evolutionären Anreiz für die Weiterentwicklung.

Wie sieht es mit diesem zentralen Gedanken evolutionärer Entwicklung in unserem Beispiel aus? Verursachen Geparden so hohe Verluste, daß die Gazellen gezwungen werden, als Art darauf zu reagieren? Gewinnen sie dabei so viel mehr als andere Raubkatzen, daß sich die Entwicklung der Hochgeschwindigkeitsjagd »lohnen« konnte? Mit diesen Fragen kommen wir dem Kern der Evolution schneller Beine näher.

Eine Antwort kennen wir bereits: Die Erfolgsquote der Geparden ist so gering, daß ihre Bestände weitaus stärker gefährdet sind, als die aller anderen vergleichbaren Arten in ihrem heutigen Verbreitungsgebiet, und Geparden haben große Teile ihres ehemaligen Lebensraums längst aufgegeben. Aber wäre es nicht vorstellbar, daß sie in jenen besseren Zeiten genug Einfluß auf ihre Beute gehabt haben, so daß dieser die schnellen Beine verursacht hat? Mit der weiteren Entwicklung ihrer eigenen Spurtschnelligkeit wären sie dann nur noch mitgezogen worden. Die Co-Evolution wäre dann wenigstens teilweise als Erklärungsmöglichkeit gerettet.

Auch hierzu gibt es nur eher enttäuschende Befunde: Nicht einmal die kombinierte Wirkung von Löwen, Hyänen, Leoparden, Geparden und Wildhunden reicht aus, um bei den Beutetieren so hohe Verluste zu erzeugen, daß diese über die normale Todesrate hinaus unter Selektionsdruck geraten würden. Das wäre auch schon deshalb gar nicht besonders realistisch, weil gerade die Erfolgreichsten, die Löwen und die Hyänen, ganz offensichtlich an diesem Geschwindigkeitswettlauf gar nicht teilgenommen haben.

Wildhunde hetzen mitunter ihre Beute auch, aber ihre wirksamste Jagdstrategie ist die Strategie der Wölfe: die Langstreckenjagd. Hinsichtlich der Spitzengeschwindigkeiten bei Kurzstreckenspurts sind sie den Geparden bei weitem unterlegen. Träfe die Wirkkette der Co-Evolution zu und erzeugten schnellere Räuber durch anhaltende Selektion schnellere Beine bei der Beute, dann müßten all die anderen Arten vom Geparden in puncto Jagderfolg abgehängt worden sein. Daran führt kein Weg vorbei. Wenn aber nicht einmal die

Gesamtwirkung der Feinde einen ausreichend hohen Selektionsdruck erzeugt, kann das keine der beteiligten Arten für sich bewirken. Auch daran führt kein Weg vorbei.

Folglich stimmt irgend etwas Grundsätzliches nicht an dem auf den ersten Blick überzeugenden Szenario der Co-Evolution. Wie aber anders und warum sind dann die flinken Gazellen und die schnellen Geparden entstanden? Eine rein zufällige Übereinstimmung? Das wäre sicherlich keine sonderlich zufriedenstellende Antwort auf die Frage nach der Evolution des schnellsten aller Säugetiere!

Vielleicht ist der Blickwinkel zu eng? Selbst ein paar Tausend Jahre bewirken noch so gut wie nichts an Veränderungen, wenn die Selektion nur schwach wirkt. Entscheidend ist dann, daß sie beständig bleibt. Was sich in Jahrtausenden noch nicht sichtbar ändert, kann in Zeiträumen der Evolution, die in Millionen von Jahren anzusetzen sind, ganz erstaunliche Veränderungen hervorrufen.

Wir sehen das an der Drift der Kontinente – die wir nicht wirklich sehen können: Millimeterkleine Verschiebungen pro Jahr, selbst Zentimeterveränderungen, lassen sich nur mit modernsten Präzisionsmeßgeräten ermitteln. Dennoch hat sich im Verlauf von mehr als 50 Millionen Jahren nicht nur der südamerikanische Kontinent von Afrika abgespalten und ist westwärts gedriftet, sondern das Aussehen der Erde hat sich durch die anhaltende Drift der Kontinente von Grund auf verändert. Könnte es sich nicht auch so mit der Co-Evolution verhalten? Minimale, kaum meßbare Vor- oder Nachteile von Generation zu Generation genügen, um langfristig Veränderungen zu bewirken, die durchaus dem gleichkommen, was das Wechselspiel zwischen Geparden und Gazellen ausmacht.

Der Einwand ist richtig – in der Theorie. Tatsächlich läßt sich leicht berechnen, daß in einem Räuber-Beute-Wechselspiel über Millionen von Generationen tiefgreifende Veränderungen möglich sind. Möglich in der Theorie, aber wie wahrscheinlich? Die Drift der Kontinente läuft schier unendlich langsam, aber ungeheuer beständig. Die Millimeter oder Zentimeter pro Jahr lassen sich ohne nennenswerte Einschränkungen mit den Jahrmillionen multiplizieren. Aus 3 Zentimetern pro Jahr werden dann in 50 Millionen Jahren 150 Millionen Zentimeter oder 1500 Kilometer. Als sich Südamerika von Afrika vor rund 100 Millionen Jahren loslöste, geschah dies wohl ähnlich unmerkbar langsam wie gegenwärtig das Aufreißen des Ostafrikanischen Grabens. Aber die 100 Millionen Jahre reichten aus, um bei nur drei Zentimetern Wanderungsgeschwindigkeit die rund 3000 Kilometer Distanz zu erzeugen, die heute Afrika von Südamerika trennt.

Charles Darwin legte seiner Vorstellung von der Geschwindigkeit der Evolution ein solches geologisches Zeitmaß zugrunde. Und die auf der Darwinschen Evolutionssicht aufbauende Vorstellung vom wechselseitigen Sich-Aufschaukeln durch Co-Evolution geht von ähnlichen Zeitspannen aus. Die rund 50 Millionen Jahre, in denen sich Raubtiere und Huftiere entwickelt haben, sollten genügt haben, um eine solche wechselseitige Abstimmung und Weiterentwicklung zu ermöglichen. Daran bräuchte man nicht zu zweifeln, wenn man davon ausgehen könnte, daß der Selektionsdruck eine ähnlich kontinuierliche Wirkung hat wie die Bewegung der Kontinentalplatten. Die langsame Co-Evolution funktioniert nur dann, wenn die verursachenden Wechselwirkungen immer dieselben bleiben.

Hier nun sind wir, es ist unschwer zu erkennen, an jenem Punkt angelangt, an dem die Idee der Co-Evolution aus den Angeln zu heben ist, da sie zum Zirkelschluß zu werden droht. Wenn man von einem Regelkreis ausgeht, der sich durch Wechselwirkungen aufbaut, bewegt sich die Entwicklung zwangsläufig kreisförmig in der Struktur einer Spirale. Doch die Entwicklung des Lebens vollzog sich in den erwähnten 50 Millionen Jahren keineswegs in einer gleichmäßigen Bewegung. In unregelmäßigen Abständen veränderten sich die Verhältnisse auf der Erde, Eiszeiten kamen und gingen, Klimazonen verschoben sich aufgrund der Verschiebung der Kontinente, neue Stammeslinien breiteten sich aus und andere verschwanden und so fort. Die Erde hat eine sehr wechselvolle Geschichte hinter sich. Weil unser Auflösungsvermögen mit zunehmender Entfernung vom heutigen Zustand und von der jüngeren Vergangenheit abnimmt, mag der Eindruck entstehen, frühere Perioden der Erdgeschichte seien ruhiger und beständiger gewesen. Sehr wahrscheinlich ist das nicht.

Aber brauchen wir die Beständigkeit über Jahrmillionen, um die Vorstellung von der Co-Evolution zu retten? Nehmen wir doch nur den Haushund als Beispiel. Seine Stammform ist der Wolf. Was aus dieser eleganten, kräftigen Wildhundart alles im Verlauf von nur ein paar Jahrtausenden, mitunter sogar nur in kaum mehr als einem

Jahrhundert gezüchtet worden ist, sprengt bei weitem alle Vorstellungen, die man sich ohne Kenntnis der Haushundrassen von den Möglichkeiten, vom Entwicklungspotential des Wolfes hätte machen können. Mops und Pinscher, Pekinese und Bernhardiner steckten ebenso in der Palette der Möglichkeiten wie die Windhunde, bei denen wir vielleicht eine Anleihe für unsere Fragen nach dem Ursprung der Schnelligkeit machen könnten.

Im Unterschied zu den natürlichen Gegebenheiten war bei der Zucht von Hunderassen aber jemand vorhanden, der die Auslese vornahm und die Entwicklung steuerte. Sie wurde mit gezielten Kreuzungen vorangetrieben und nicht über Eignungstests mit unterschiedlicher Sterblichkeit abgewickelt, die den natürlichen Verhältnissen näherkommen würden. Immerhin, das in jeder Art vorhandene Potential für rasche, stark form- und funktionsverändernde Entwicklungen bestätigt sich in der Haustierzucht.

Damit stecken die Überlegungen zum Zustandekommen der schnellen Läufer und Jäger eigentlich endgültig fest: Die langsamen, aber lang anhaltenden Veränderungen sind eine unrealistische Annahme angesichts der dynamischen Natur der Erde, und für kurzfristig massive Veränderungen reichen die von den Feinden verursachten Verluste bei den Beutetieren nicht aus. Denn höchst selten kommen sie über 10 Prozent hinaus; dies ist viel zu wenig, um einen der Tierzucht vergleichbaren Effekt zu erzielen, und viel zu unterschiedlich in ihrem Zustandekommen, um die enge Wechselwirkung zwischen schnellerem Feind und schnellerer Beute zu erklären.

Welche Möglichkeiten haben wir nun noch, um doch noch zu befriedigenden Ergebnissen zu gelangen? Ist am Ende das Beispiel schlecht gewählt, oder war der Ansatz grundsätzlich verkehrt? Ein unpassend gewähltes Beispiel ließe sich leicht abtun, wenn es sich nicht wie in unserem Fall gerade um den Rekordhalter handeln würde. Deshalb ist und bleibt der Gepard ein interessanter, aber auch kritischer Fall. Wenn wir in der Lage sind, überzeugend und überprüfbar darzulegen, warum Geparden und Gazellen in diesen Wettlauf hineingeraten sind, könnte es gelingen, das Laufen als solches zu ergründen. Die Biologie möchte mehr als olympische Rekorde aufzeichnen – diese interessieren den Biologen in der Regel überhaupt nicht.

Konrad Lorenz gab für wissenschaftliche Sackgassen den Ratschlag, die »Lieblingstheorie über Bord zu werfen«, was bekanntlich gar nicht so leicht ist, wenn man keine bessere kennt. Die sicherste, wenngleich auch die aufwendigste Methode, zu einer vielleicht besseren Theorie zu kommen, ist, ganz neu anzusetzen, und mit der möglichst unbeeinflußten Feststellung der Gegebenheiten durch Beobachtung und/oder Experiment zu beginnen.

Für unseren Fall ist das nicht einmal so aufwendig. Jeder Besucher der ostafrikanischen Nationalparks und Schutzgebiete kann das selbst nachvollziehen. Der grundlegende Befund ist so klar und offensichtlich, daß er, wie viele »offensichtliche« Gegebenheiten, bislang einfach übersehen worden ist.

Die schnellen Raubkatzen, allen voran die Löwen, sind so unendlich faul, daß man sie ungleich häufiger schlafend, ruhend oder einfach herumsitzend antreffen kann, als aktiv oder gar laufend, spurtend und jagend. In die nüchterne Fremdsprache der Wissenschaft übersetzt, lautet der Befund etwa folgendermaßen: Die langen, anhaltenden Phasen der Ruhe werden nur von kurzen Aktivitätsphasen im Tageszyklus unterbrochen. Genau das Gegenteil trifft für Gazellen und Antilopen, für Zebras und Gnus und für all die anderen Arten von Huftieren und Weidegängern zu, die sich von Gräsern und Kräutern ernähren und aus der Sicht unseres Beispiels als Nahrungsgrundlage für die Raubkatzen zu betrachten sind.

Diese Tiere sind nahezu andauernd auf den Beinen, und selbst wenn sie wiederkäuend irgendwo im Schatten oder Halbschatten liegen, schlafen sie nicht. In einer Welt so voller Gefahren in Form von (schläfrigen) Raubkatzen können sie sich den Schlaf vielleicht gar nicht leisten. Andere Tiergruppen, wie etwa Affen, die sich nicht weniger vor Feinden in acht nehmen müssen, haben dafür andere überzeugende Lösungen gefunden: Paviane etwa stellen regelrecht Wachposten auf. Wenn nur einer oder zwei wachen, kann der Rest der Gruppe oder der Herde getrost schlafen. Sie werden rechtzeitig gewarnt werden. Sogar bei solchen Tieren wie den kleinen Zwergmangusten funktioniert dieser Schutz bestens, obwohl deren Feinde häufig aus der Luft kommen und viel schneller zupacken als bodengebundene Jäger.

Antilopen und Gazellen, Zebras und Büffel ziehen auch dort fast unablässig umher, wo es keine oder fast keine Feinde gibt, die ihnen gefährlich werden könnten. Man weiß warum: Sie brauchen so enorm viel Zeit für die Nahrungsaufnahme, weil ihre Nahrung, oftmals dürr gewordene Gräser und Kräuter, so wenig hergibt. Die jagenden Großkatzen haben es da viel besser, vorausgesetzt sie können oft genug Beute machen: Ihre Nahrung enthält das benötigte Eiweiß in hochkonzentrierter Form. Die Weidetiere dagegen müssen sich die Bausteine zur Herstellung von Eiweiß, die Aminosäuren, über den Umweg der Beteiligung von Mikroben verschaffen. Dürres Gras enthält zu wenig davon. Es muß mit Hilfe von Bakterien oder Wimpertierchen erst »veredelt« werden. Dazu benötigen die Weidetiere große Mengen der pflanzlichen Stoffe. Entsprechend viel Zeit müssen sie der Nahrungsaufnahme widmen.

Das ist der schlichte und einfache Grund dafür, daß die Weidegänger fast immer aktiv, die Raubtiere aber fast immer schlafend angetroffen werden. Bringt uns diese Feststellung der Lösung unseres Problems näher? Eher lenkt sie davon ab, könnte man meinen, denn diese »Feststellung« klingt wie die Banalität, daß Raubtiere eben einfach Raubtiere sind und Weidetiere Pflanzenverwerter.

Dennoch hoffe ich, daß mir der Leser folgen wird. Der Weg zu einer einfacheren und, wie ich meine, auch überzeugenderen Erklärung ist nämlich viel geradliniger als der Umweg über die Co-Evolution, die ich so breit darstellte, weil sie landläufiger Auffassung entspricht, aber erhebliche Erklärungsschwächen hat.

Wir brauchen eigentlich nur die Momentbeobachtungen der Weidetiere und der zumeist schlafenden Feinde zeitlich auszudehnen, und zwar auf wenigstens ein paar Jahre. Für den Afrika-Touristen mag das eine verlockende Vorstellung sein, jahrelang die noch so wundervolle Wildnis erleben zu dürfen, aber wahrscheinlich eine recht unrealistische. Für eine ganze Reihe von Biologen wurde sie aber tatsächlich in den letzten Jahrzehnten zur Wirklichkeit.

Sie konnten mehrere Jahre, in Einzelfällen sogar Jahrzehnte, in den Steppen und Savannen Ostafrikas forschen. Was sie zutage förderten, steckt in vielen Büchern und in noch viel mehr wissenschaftlichen Veröffentlichungen. Spannende Episoden wurden auf Filmen festgehalten und im Fernsehen gezeigt. Eine ganze Reihe afrikanischer Großtiere gilt heute als besser untersucht als europäische Arten wie Hirsch und Reh, Fuchs oder Feldhase. Die Forschungen untermauerten mit einer Vielzahl wissenschaftlicher Messungen, Befunde und Ergebnisse die altbekannte Erfahrung, daß die Mehrzahl der afrikanischen Großtiere, insbesondere jene, die in Herden oder in größeren Gruppen und Familienverbänden leben, weiträumige Wanderungen machen und diese Wanderungen auch machen müssen, weil sonst ihre Nahrungsgrundlage übernutzt wird.

Wo die Wanderungen drastisch eingeschränkt oder unterbunden werden, gibt es rasch Schäden an der Vegetation, die bald nicht mehr im Jahreslauf von der natürlichen Regenerationsfähigkeit ausgeglichen werden können. Die Produktivität nimmt ab, und mit ihr sinken die Bestände der Nutzer, die Bestände der Weidetiere. Die Nutzung von Grasland, vor allem bei hoher Bestandsdichte der Weidetiere, läßt sich nur auf hohem Niveau aufrechterhalten, wenn die Vegetation immer wieder ausreichende Ruhephasen zur Regeneration bekommt. Die abgeweideten Pflanzen brauchen Zeit zum Nachwachsen. Für die Weidetiere heißt das, daß sie weiterwandern müssen.

Wiederum dürfte jetzt der Eindruck entstehen, daß es sich dabei nur um Selbstverständliches handelt. Doch es bedarf einiger Jahre Geduld, um die Mauer der Selbstverständlichkeit durchbrechen zu können. Dieser »Durchbruch« kommt mit solchen Jahren, in denen wegen unzureichender Niederschläge die Nahrung knapp und knapper wird. Aus dem, wie es scheint, gemütlichen Dahinwandern der Tiere beim Grasen wird nun ein lebensentscheidender »Wettgang«. Kein Wettlauf, dazu sind die vorhandenen Reserven viel zu kostbar, sondern ein wohl dosiertes, anhaltendes Wandern, dessen Ziel ferne Weiden sind. Je nach Strenge der Dürre halten nur wenige, »die Besten« durch. Nicht die Schnellsten sind im Vorteil, sondern jene, die die größte Ausdauer haben. Das war auch in fernerer Vergangenheit so. Die Niederschläge schwankten in Verteilung und Häufigkeit unvorhersehbar. Ihr zeitweiser Ausfall trieb die Evolutionsprozesse voran.

Welche Rahmenbedingungen verengen sich in solchen Engpaßsituationen? Wie schon angedeutet, sind es nicht die Schnellsten, die möglicherweise die besten Überlebenschancen haben. Viel wichtiger als Schnelligkeit ist die möglichst günstige Umsetzung der aufgenommenen oder gespeicherten Energie in Fortbewegung. Wir wissen, daß dabei die Reibungsverluste eine besonders wichtige Rolle spielen. Je größer die Kontaktfläche mit dem Boden, desto größer die Reibungsverluste – und umgekehrt. Wir wissen auch, daß kurze und dicke Beine, auch wenn die Muskulatur kräftig entwickelt ist, nicht die besten Voraussetzungen für eine energiesparende Fortbewegung bieten. Auch (zu) lange und dünne Beine sind sicher nicht optimal. Die Lösung liegt dazwischen.

Mit den Gesetzmäßigkeiten der Mechanik kann man klar konstruieren, wie sich eine vierfüßige Fortbewegungsweise optimieren läßt. Das Ergebnis würden – ganz ohne Einfluß von Feinden, vor denen man flüchten sollte – Formen sein, die jenen in der Natur außerordentlich nahe kommen. Deshalb stimmen die Längenverhältnisse oder andere Proportionen von Beinen und Körpermaßen bestens überein, wenn man die verschiedenen Arten in Abhängigkeit von ihrem Körpergewicht aufreiht. Die leichteren haben dünnere, die schwereren dickere Beine. Die doppelte Größe eines Tieres bedeutet ungefähr das 8fache Gewicht und damit das 4fache des Knochenquerschnitts zum Abfangen des Gewichtes.

Die bis zu 8 Tonnen schweren Elefanten können ihr enormes Gewicht nur deshalb tragen, weil sie so dicke, säulenartige Beine ausgebildet haben. Die vergleichsweise staksigen Beine der Giraffen entsprechen ihrem viel geringeren Gewicht, das kaum mehr als ein Zehntel des Elefantengewichtes erreicht. Je mehr Bewegung und je stärker die Belastungen, die dabei auftreten, etwa weil im Galopp über körperlange Sprünge gemacht werden, desto kräftiger müssen die Beine sein. Die extrem schlanke, langhalsige Giraffengazelle (Litocranius walleri) kann sich auf ihren stabdürren Beinen fast senkrecht aufrichten und mit Hilfe des langen Halses noch Akazienblätter erreichen, die den sich vierfüßig fortbewegenden Verwandten unerreichbar bleiben, weil diese an sehr trockene Savannenlandschaften angepaßte Art keine langen Wanderungen durchführt. Müßte sie wie andere Arten Feindvermeidung als oberstes Gebot beachten, wäre sie mit diesem Körperbau gewiß schlecht bedient.

Sind also, anders gefragt, die schnellen Beine vielleicht nur ein Nebenprodukt der Wanderungen? Wenn diese Annahme eine bessere Erklärung als die Co-Evolution abgeben soll, dann muß sie über die Durchschnittsleistungen hinaus die Spitzengeschwindigkeiten ohne weitere Annahmen erklären. Dazu gibt es erstaunlich gute Befunde.

Aber zunächst muß festgehalten werden, daß auf den langen Wanderungen, nicht nur in Phasen kritischer Versorgungsverhältnisse mit Wasser und Nahrung, viel größere Verluste entstehen, als sie dem Konto der Feinde zuzurechnen sind. Einen unmittelbaren Beweis dafür hat der Evolutionsprozeß selbst geliefert. Es ist dies die Entstehung der Geier als Spezialanpassung an die Verfügbarkeit von Großtierkadavern.

Würden nicht schwächebedingte Ausfälle bei den regulären Wanderungen genügend Großtierkadaver liefern, sondern könnten sich Geier nur über die »Abfallverwertung« von Großkatzen und anderen Raubtieren versorgen, es hätte nie zur Evolution dieser Greifvogelgruppe kommen können. Selbst Epidemien, die immer wieder einmal vorkommen, hätten mit Sicherheit nicht die Evolutionsprozesse, an deren Ende die kadavergebundenen Geier stehen, auslösen können. Nur wenn regelmäßig und erheblich mehr Kadaver verfügbar sind, als sie von Löwen, Hyänen und anderen jagenden Großtieren zurückgelassen werden, ist die Kontinuität dieses Evolutionsprozesses gewährleistet.

Davon hat aller Wahrscheinlichkeit nach auch die sich entwikkelnde Gattung Mensch profitiert. Das habe ich in meinem Buch ›Das Rätsel der Menschwerdung‹ ausführlich begründet. Auch der Mensch ist ein Läufertyp, dessen Hauptleistung in der Ausdauer liegt. Daß er dennoch auch kurzfristige Spitzenleistungen zustandebringt, steht nicht im Widerspruch dazu. Sogar so schwergewichtige und schwerfällige Großtiere wie Elefanten, die fast die Spitzengeschwindigkeit eines Schnelläufers erreichen, oder die schon genannten Flußpferde und Nashörner bestätigen dies. Ihre Muskelmassen sind so groß, daß sie eben doch auch zu beachtlichen Kurzzeitleistungen taugen, obgleich sie in der Hauptsache der Fortbewegung in langsamer Gangart dienen. Bei den mittelgroßen Arten, bei denen sich Körpergewicht und Muskelmasse günstiger zueinander verhalten, kommen entsprechend höhere Spitzenwerte zustande. Rennpferd und Mensch erreichen im 100-Meter-Lauf fast exakt die gleichen Geschwindigkeiten. Dank der größeren Muskelmasse hält das Rennpferd aber viel länger durch. Die leichteren Antilopen und Gazellen oder die ähnlich schlankbeinigen, aber kräftigen Hunde vom Typ des Wolfes erzielen erheblich höhere Spitzengeschwindigkeiten. Mit der Größenklasse von Hauskatze und Hase werden dann die unteren Grenzen erreicht. Bei weniger als einem Kilogramm Gewicht reicht die Muskelmasse auch bei günstigsten Proportionen nicht mehr für hohe Geschwindigkeiten aus. Wenn eine Ratte »blitzschnell« vorbeihuscht, erreicht sie doch nur knapp 10 km/h – also weitaus weniger als ein normaler, gesunder Mensch.

Geparden und Gazellen fallen, was die Größen- und Gewichtsverhältnisse betrifft, in den »günstigsten« Bereich für schnelles Laufen. An zweiter Stelle in der Rangliste, gleich nach dem Geparden, steht die amerikanische Gabelbockantilope (Antilocapra americana), dicht gefolgt von speziell trainierten Windhunden, die bis zu 110 km/h erreichen können. Drei recht unterschiedlich gebaute Säugetiere rücken in der Spitzengruppe der Sprinter zusammen.

Was verbindet sie? Warum ragen bestimmte Arten so deutlich aus der viel größeren Zahl eher durchschnittlicher Läufer hervor? Welche speziellen Mechanismen machen einen guten Läufer zu einem Sprinter?

Wenn wir diese Fragen stellen, dann heißt das, daß wir den grundsätzlichen Zusammenhang von Ausdauer und Laufgeschwindigkeit akzeptiert haben. Körpergröße und Körperbau bilden die Voraussetzung für die Leistungen, die aller Unterschiede in Größe und Erscheinungsbild zum Trotz doch recht einheitliche Spitzengeschwindigkeiten zwischen 40 und 70 km/h ermöglichen.

Gepard und Gazelle hatten demnach – stammesgeschichtlich betrachtet – einen guten Start, weil sie die »richtigen« Körpergrößen und einen entsprechend passenden Körperbau als Grundlage für die weitere Ausbaufähigkeit des Spurtens bereits hatten. Das Warzenschwein (Phacochoerus aethiopicus) etwa, das im gleichen Lebensraum vorkommt und von den gleichen Raubkatzen und Hyänen gejagt wird, konnte sein Heil nicht in der Flucht suchen. Es fährt, so ihm noch Zeit dazu bleibt, rückwärts in seinen Bau und verteidigt sich mit scharfkantigen Zähnen, die ihm als Hauer aus dem Gebiß hervorwachsen. Die bloße Tatsache, daß das von vielen Räubern gejagte Warzenschwein trotz mangelnden, anhaltenden Spurtvermögens in den ostafrikanischen Savannen bestens überlebte, unterstreicht, wie wenig bedeutungsvoll Verluste durch Feinde im Vergleich zu anderen Verlustursachen sind und gewesen sind.

Was also, um die Frage nochmals in den Vordergrund zu rücken, macht einen schnellen Läufer aus, der sich von der großen Menge »normaler« Läufer verwandter Arten so sehr abhebt?

Für die Gruppe der pflanzenverwertenden Huftiere läßt sich die Antwort unschwer erkennen: Die mittleren Größen sind die besten Läufer. Die schweren, großen Arten, wie Büffel (Syncerus caffer) oder Elenantilopen (Taurotragus oryx), bremst ihr Gewicht, und den kleinen, etwa den Dikdiks (Rhynchotragus), fehlt es an Muskelmasse. Trotzdem sind sie aber alle recht gute Läufer – auch die schweren Büffel, die überdies recht ausdauernd sind. Am besten schneiden die Zebras ab, was die Ausdauer betrifft. Als Pferde verbinden sie beide Eigenschaften: Spurtschnelligkeit und Durchhaltevermögen. Ihr raumgreifender Galopp trägt sie über viele Kilometer, ehe sie ermüden.

Ganz anders sieht es bei den Raubtieren aus. Der Gepard ist zwar ungemein spurtschnell, aber ohne Ausdauer. Um die Löwen oder die Leoparden steht es in dieser Hinsicht noch schlechter. Nur aus kurzer Distanz gestartete Überraschungsangriffe oder der Sprung aus dem Hinterhalt bringen ihnen Erfolg; schon ein paar Hundert Meter Verfolgungsjagd sind ihnen zuviel. Nicht ohne Grund lassen sie jagen und nehmen lieber den Geparden oder den Hyänen die Beute ab, als daß sie sich selbst diese Anstrengung abverlangen. Ein Rudel satter Löwen liegt so faul herum, daß man sie für tot halten könnte. Richtig vollgefressen, können sie sich tatsächlich kaum mehr bewegen.

Es ist auch höchst erstaunlich, was Löwen alles verzehren können. Manche Kadaver sind bereits so weit in Verwesung übergegangen, daß sie übervoll mit Leichengift sind. Löwen, Hyänen und Geier vergiften sich daran jedoch nicht. Ein Gepard würde keinen Bissen nehmen, würde ihm solches Fleisch vorgesetzt. Er geht kein zweites Mal an seine Beute, nachdem er davon gefressen hat. Warum verhält er sich so ganz anders als seine Katzenverwandtschaft? Ist der Gepard einfach nur heikel, oder hängt sein Frischfleischverlangen mit seiner Jagdweise zusammen?

Diese Frage bringt uns zu einer anderen Ebene, auf der ich mich dem Thema nähern möchte: zum Stoffwechsel. Der Gepard kann nicht nur deshalb so schnell laufen, weil er so gebaut ist, wie er gebaut ist. Er benötigt dafür auch große Energien, die er in schnelle Bewegung umsetzen kann. Diese dritte Selbstverständlichkeit im Rahmen unserer Überlegungen verdeckt den vermutlich wichtigsten Zusammenhang. Denn die Energie, die von der Muskulatur in Bewegung umgesetzt wird, stammt fast ausnahmslos aus der Verbrennung von Zucker im Stoffwechsel der Muskulatur. Glukose, der Traubenzucker, bildet die energetische Grundlage für die Fortbewegung. Nur solche Stoffe, die sehr schnell in Traubenzucker umgewandelt werden können, taugen als »Feuerung« für Höchstleistungen.

Traubenzucker ist mit Abstand der beste Energielieferant, denn er braucht überhaupt nicht mehr umgewandelt zu werden. Andere, leicht in Traubenzucker überführbare Zucker folgen auf den nächsten Plätzen. Dann kommen Fette, die sogar, auf gleiches Gewicht bezogen, den größten Gehalt an Energie aufweisen. Am schlechtesten schneidet Eiweiß ab. Denn im Gegensatz zu Zucker (Kohlenhydraten) und Fetten entstehen bei ihrer Verwertung im Energiestoffwechsel Abfallprodukte, derer sich der Körper nicht so leicht entledigen kann. Exkremente und Urin von Katzen oder anderen, sich vorwiegend von sehr eiweißreicher Nahrung ernährenden Arten (»Fleischesser«) riechen aus diesem Grund auch so unangenehm.

Kohlenhydrate und Fette hingegen werden im Stoffwechsel zu Kohlendioxyd und Wasser verbrannt. Sie verlassen den Körper daher praktisch rückstandsfrei. Für den Muskel ist gute Entsorgung ähnlich wichtig wie eine ausreichende Zufuhr von Sauerstoff, der für den inneren Verbrennungsvorgang benötigt wird. Leistungsfähige Muskeln müssen bestens durchblutet sein. Mit dem Blut werden beide Grundstoffe herangeführt, der Sauerstoff und der Zukker. Dieser Blutzucker spielt nun die entscheidende Rolle. Denn er läßt sich nur schnell aus Reserven mobilisieren, die unmittelbar aus Glukose bestehen oder aus Zuckerverbindungen, wie tierische Stärke (Glykogen), und aus Fetten.

Bleiben wir beim Gepard und seinem Spurt. Er verbraucht in den wenigen Sekunden den Vorrat an Sauerstoff, der in der Muskulatur in Form des Myoglobins steckt und der über das Blut, gebunden an den roten Blutfarbstoff, das Hämoglobin, herangeschafft wird. Die Atmung bildet daher den einen Engpaß für den Gepardenspurt. Der zweite hängt mit dem Blutzucker zusammen. Bei der Extremleistung der Spitzengeschwindigkeit wird er viel schneller in der Muskulatur abgebaut, als er aus den Leberreserven oder gar aus dem laufenden Stoffwechselgeschehen nachgeliefert werden kann. Der Reichweite des Gepardenlaufes sind aus diesen zwei Gründen enge Grenzen gesetzt.

Sie werden nur geringfügig durch den vergleichsweise großen Brustkorb des Geparden erweitert, so daß die Lunge etwas leistungsfähiger ist. Dies ist wohl die wichtigste Verbesserung im Bau des Gepardenkörpers zugunsten der Spitzengeschwindigkeit. Die Ausdauer konnte der vergrößerte Brustkorb indes nicht nennenswert steigern. Sie hängt zu stark von der Art der Nahrung ab. Alle

Raubtiere, die wie die Geparden praktisch ausschließlich von Fleisch leben, können keine anhaltenden Leistungen erbringen. Eine solche Anforderung würde den Stoffwechsel überfordern. Nur wenn die Nahrung überwiegend Kohlenhydrate und Fette enthält, sind Dauerleistungen möglich, weil keine Rückstände entstehen, die die Muskelarbeit beeinträchtigen.

Das erklärt auch, warum der Gepard nur frisches, blutreiches Fleisch oder die Leber seiner Beute verzehrt. Nur so erhält er die größtmögliche Menge an Blutzucker, die er benötigt. Er ist es, der die hohen Brennwerte liefert, um zu sprinten.

Viele Tierarten, die sich von anderen Säugetieren oder von Vögeln ernähren, versuchen zuerst an Leber und Brustmuskeln oder an die bei den Säugetieren reich durchbluteten Muskelpakete des Bewegungsapparates heranzukommen. Dieses Fleisch bevorzugen sie. Solche Spezialisten, wie der Gepard, können es sich nicht leisten, eine blutzuckerarme Nahrung zu sich zu nehmen oder gar eine solche, die schon weitgehend in Verwesung übergegangen ist. Die Entgiftung dieser Fleischnahrung würde den Hochleistungs-Stoffwechsel des Sprinters überfordern. Wenn Geparden scheinbar »großzügig« mit ihrer so schwer erworbenen Beute umgehen und einen Teil liegenlassen, ist das nichts anderes als eine ernährungsphysiologische Notwendigkeit.

Die Erläuterung zu den Vorgängen des Stoffwechsels soll die Skepsis bekräftigen, daß die Entwicklung der schnellen Jäger und der schnellen Beute nicht einfach als sich aufschaukelnder Prozeß einer Co-Evolution gesehen werden kann. Ganz unterschiedliche Mechanismen und Anforderungen stehen sich hier gegenüber. Wenn überhaupt, hat die Co-Evolution von Gepard und Gazelle nur die letzten Feinheiten der Abstimmung geformt. So etwa den vergrößerten Brustkorb des Geparden und seine Beschränkung auf frisches Fleisch oder die nicht zurückziehbaren Krallen, die vielleicht beim Spurt einen etwas besseren Griff der Zehen ermöglichen, vergleichbar den scharfkantigen Hufen der Gazellen. Auch die Atemnot der gejagten Gazelle als ein Mittel zum Töten, das weniger Kraft kostet als der tötende Biß, fällt in diesen Bereich der Spezialanpassungen. Die grundlegenden Gegebenheiten in Bau und Funktion des Katzenkörpers lassen dagegen recht wenig konkrete Hinweise darauf zu, wie er auf die Jagd nach schneller Beute abgestimmt ist.

Bei dieser selbst, bei den Gazellen und den Antilopen, fällt es noch viel schwerer, wirklich nachweisbare Anpassungen an die Einwirkung der schnellen Feinde auszumachen. Im Körperbau und in der Funktionsweise ihres Stoffwechsels unterscheiden sie sich so gut wie nicht, gleich ob ihre Hauptfeinde die schnellen Geparden, die überraschend aus der Lauerlage anspringenden Leoparden oder die in Rudeln jagenden Löwinnen sind. Einzig die unterschiedlichen Körpergrößen und -gewichte drücken sich sehr deutlich im Körperbau aus. Die leichtesten – wie die kaum hasengroßen Dikdiks oder die nur wenig größeren Steinböckchen oder Bleichböckchen – staksen auf dünnen Beinen umher, springen bei Gefahr blitzschnell zur Seite, haben aber keine Ausdauer. Die mittelgroßen verbinden Spurtgeschwindigkeit schon mit deutlich mehr Ausdauer, doch erst so verhältnismäßig große Arten wie die Zebras können als wirklich ausdauernde und schnelle Läufer eingestuft werden. Als Gepardenbeute spielen sie überhaupt keine Rolle mehr, sie sind für diese Katze viel zu groß.

An dieser Stelle sei wiederum ein methodischer Gedanke eingeschoben: Birgt eine allzu enge Betrachtungsweise die Gefahr, daß tatsächlich vorhandene Alternativen nicht gesehen werden, so kann ein allzu weites Ausholen umgekehrt von wesentlichen Vorgängen ablenken. Dieser Schwierigkeit sieht sich biologische Betrachtungsweise immer ausgesetzt, denn die Organismen sind nun einmal höchst vielfältig. Eine Strategie, die bei der einen Art oder bei einer bestimmten Gruppe das Überleben gesichert hat, muß nicht automatisch auch die beste für eine andere Gruppe oder Art sein. Hat uns die Einbeziehung der Löwen, Leoparden und Hyänen nicht erst die Zugänge eröffnet, die eine andere – und, wie ich hoffe, überzeugendere – Sicht ermöglichten?

Was ergibt sich, wenn wir über die Katzenverwandschaft hinausgehen? Mit den Hyänen geschah dies bereits. Sie gehören nicht zur Familie der Katzen. Ihr Gebiß ist eine mächtigere Brechschere als das des Löwen, ihre Statur wirkt zwar hundeartig, aber der krumme Rücken und das hängende Hinterteil weisen die Tüpfelhyänen nicht gerade als tolle Läufer aus. Ihr schlenkernder Gang wirkt auf den Betrachter komisch, weil er weder die Leichtigkeit des Hundelaufes noch die geschmeidige Eleganz einer Katze hat – die übrigens auch dem Löwen mangelt. Dennoch sind die Hyänen nächst den Löwen die erfolgreichsten Großtierjäger in den wildreichen Gebieten Ostafrikas. Weil sie uns irgendwie fremd sind und weil uns ihr Lebensstil nicht zusagt, wissen wir verhältnismäßig wenig über ihre biologischen Anpassungen und Leistungsfähigkeiten. Die Forschungen in der Serengeti zeigen die Tüpfelhyänen als eine Raubtierform, die nahezu alles kann, was im Leben eines Raubtieres zählt. Selbst ihr Sozialverhalten steht an Feinheiten und an Effizienz dem der Löwen keineswegs nach.

Auf unsere Blickrichtung bezogen, stehen Hyänen zwischen den typischen Katzen, die den größten Teil des Tages herumliegen, und den ruhelosen Läufern, wie sie vor allem die Familie der Hunde entwickelt hat. Neben Geparden und Großkatzen jagen in den ostafrikanischen Savannen noch andere, höchst bemerkenswerte Tiere, die Afrikanischen Wildhunde. Sie sind hervorragende Läufer mit beachtlicher Ausdauer, und trotz ihrer verhältnismäßig geringen Körpergröße bewältigen sie Gnus und andere große Beutetiere, weil sie in Gruppen jagen.

Ihr Jagdstil ist uns vertraut; es ist die Art der Wolfsjagd. Die Wildhunde brauchen keine Deckung. Wenn die Gruppe vorrückt und ein bestimmtes Beutetier aufs Korn nimmt, läuft die Hetzjagd mit fast stereotyper Präzision ab. Der Leithund bestimmt das Tempo und folgt so geradlinig wie möglich der flüchtenden Beute. Weitere Hunde laufen im Abstand mehrerer Hundelängen hinterher. Wie auf ein geheimes Kommando oder wie nach einem vorher abgesprochenen Plan schert dann ein weiterer Hund aus und schneidet der Beute, die häufig in einem Bogen läuft, über die verkürzende Direktstrecke den Weg ab. Vielleicht resultiert dieser Bogen aus dem Zwang des gehetzten Tieres, die Verfolger und ihre Entfernung nicht aus den Augen zu verlieren, um die eigenen Reserven so gut wie möglich zur Flucht einzusetzen. Die geradlinige Bahn würde die Flucht beschleunigen und die Verfolgung beträchtlich erschweren, die Chancen, den jagenden Wildhunden zu entkommen, stehen für die Gejagten auch gar nicht so schlecht. Denn merkwürdigerweise richtet sich deren Augenmerk keineswegs immer oder vorzugsweise auf die schwachen oder irgendwie behinderten Beutetiere, sondern vielmehr auf recht gesunde und kräftige.

Geprägt von der Vorstellung, daß Raubtiere in der Regel die Schwachen jagen und dadurch natürliche Auslese betreiben, wundern wir uns über ein so unkluges Verhalten der Wildhunde. Kein Wunder also, daß auch sie so selten geworden sind und das recht ähnliche Schicksal der Geparden teilen? Dabei hätten sie doch die Möglichkeit, dank ihrer überlegenen Jagdtechnik beides zu kombinieren, nämlich Schnelligkeit und Ausdauer, um die schwachen Beutetiere herauszugreifen. Sogar gegen die Aasjäger, gegen Löwen und Hyänen, könnten sie sich unvergleichlich besser als die einzeln jagenden Geparden zur Wehr setzen. Wiederum passen theoretische Erwartungen und Wirklichkeit des Wildhundlebens nicht so recht zusammen. Gewiß, sie jagen auch schwache Tiere und nutzen sie, zumal dann, wenn sie in Not sind, weil Nahrung knapp geworden ist. Aber wenn sie können, sind die gesunden, die kräftigen ihr Ziel. Kein Beobachter kann voraussagen, welches Gnu sie aus einer Herde auswählen, wenn sich ein Wildhundrudel zur Jagd formiert.

Die Lebensweise der Wildhunde ist noch wenig erforscht, daher bin auch ich auf Vermutungen zu ihrem eigenartigen Jagdverhalten angewiesen. Aber die Annahmen haben einiges für sich. Denn Wildhunde sind in Bau und Lebensweise der Stammart unserer Haushunde, dem Wolf, so ähnlich, daß Rückschlüsse statthaft sind. Zunächst daher die Begründung des so unerwarteten Verhaltens der Afrikanischen Wildhunde, dann die Begründung für diese Begründung.

Der anhaltend schnelle, kräftezehrende Lauf der Wildhunde braucht Energie. Da die Laufstrecken viel länger als bei den Geparden sind, kann auf keinen Fall der Vorrat an Blutzucker dafür ausreichen. Die Wildhunde müssen andere Reserven haben. Sie können nur aus gespeicherten Kohlenhydraten oder Fetten stammen, da Eiweißabbau zu schnell zu viele für die Muskeltätigkeit abträgliche Schadstoffe hinterlassen würde. Die Leber der Wildhunde scheint nicht abnorm groß zu sein. Speicherung von Glykogen als Kraftreserve dürfte daher allein auch nicht ausreichen, um die hohe Leistungsfähigkeit zu begründen. Folglich verbleibt nur ein entsprechender Vorrat an Fett. Dieses Speicherfett können die Hunde nur dann gewinnen oder anlegen, wenn die Nahrung entsprechend fettreich ist oder wenn sie einen großen Überschuß an Kohlenhydraten zur Verfügung haben.

Sie sollten daher bei der Auswahl der Beutetiere, wenn sie sich dies irgendwie leisten können, solche Individuen bevorzugen, die in guter Kondition sind, also auch Fett enthalten. Kranke und schwache Beutetiere liefern wohl kaum einen Überschuß an Fett. Wohl aber kann der Wildhund zwischen den Muskelfasern konditionell guter Beutetiere Fett entnehmen und für die eigenen Vorräte verwerten. Kurz: Die Qualität der Nahrung ist zu berücksichtigen, nicht allein die Menge. Ausgezehrtes, mageres Fleisch eines alten und kranken Gnus mag für das Überleben reichen, nicht aber für die Aufrechterhaltung einer guten Jagdkondition für den Wildhund.

Läßt sich diese Überlegung vom Wolf herleiten? Sehr gut sogar. Denn Wölfe jagen, wo sie vom Menschen nicht verfolgt werden, nach genau diesem Prinzip. Es fallen ihnen keineswegs nur die todkranken und schwachen Tiere zum Opfer. Wenn sie in der hochnordischen Tundra den Rentieren nachstellen, leben sie von Beute, die auf einen recht großen Fettvorrat angewiesen ist, um durch den Winter zu kommen. Zur großen Überraschung der Wolfsforscher gibt es sogar Rudel, die monatelang überhaupt nicht nach größeren Tieren jagen – sie könnten dies auch gar nicht, denn es gibt keine in ihrem Revier! Diese Wölfe leben in solchen Revieren, Füchsen vergleichbar, von den außerordentlich fettreichen arktischen Wühlmäusen, den Lemmingen. Das bißchen Fleisch, das diese zumeist nicht einmal 100 Gramm schweren Nager enthalten, könnte Wölfe sicher nicht zum Bleiben verlocken. Eigentlich sollten sie den Rentieren oder den Karibus nachziehen, sich an die Fährten der großen Herden heften und abwarten, bis wieder ein Tier wegen Erschöpfung zurückfällt und zur leichten Beute wird. Wölfe reißen möglicherweise auch aus diesem Grund lieber Schafe als magere Rehe oder junge Hirsche, so sie an diese herankommen. In zahlreichen Geschichten von Trappern ist nachzulesen, daß Wölfe zum Trocknen aufgehängten Speck zu erbeuten versuchten.

Die Grizzlybären, die im selben Lebensraum der Waldtundra und der locker bewaldeten Weiten Alaskas oder Nordkanadas vorkommen, bedienen sich der Umwandlung von Zucker, um zu Fett zu kommen. Sie verzehren im Spätsommer und Herbst Unmengen kohlenhydratreicher Beeren und legen sich davon ihren umfangreichen Fettvorrat an. Da sie diese Last mit sich herumtragen, bleiben ihre Bewegungen ziemlich langsam. Nur kurze Phasen heftiger Angriffe zeigen, wieviel Kraft in diesen gewaltigen Tieren steckt.

Noch deutlicher wird der Zusammenhang, wenn wir ihre Verwandten, die Eisbären, betrachten. Anscheinend ruhelos wandern sie über die ödesten Gegenden der nördlichen Hemisphäre. Manche umkreisen regelrecht den Nordpol. Es dauert mitunter nicht nur Tage, sondern Wochen, bis sie Beute machen können. Ihre Überlebensfähigkeit in der eisigen Kälte der Arktis verdanken sie dem hohen Fettgehalt der Robben oder hocharktischer Fische, die ihre Hauptnahrung bilden. Eisbären sind die größten lebenden Landraubtiere. Daß sie ausgerechnet in den extremen Kälteregionen rund um den Nordpol zu Hause sind, läßt sich nicht einfach mit Kälteanpassung erklären. Was sollte sie denn dazu verlockt haben, in die Kälte zu ziehen und sich ihr anzupassen? Wurden sie von stärkeren Konkurrenten aus wärmeren Gebieten abgedrängt in die Kälte? Wohl kaum, denn dem Eisbär und seiner Kraft kann kein Konkurrent bei der direkten Auseinandersetzung widerstehen.

Doch zurück zu den Wölfen. Als Art sind sie außerordentlich weit verbreitet. Ihr Areal erstreckt sich über fast ganz Nordamerika, Europa, Nord- und Zentralasien sowie über ausgedehnte Regionen in Vorderasien. Nahe Verwandte leben noch weiter südlich davon. Sie zeigen eine bemerkenswerte Verteilung: Die Größten und Stärksten sowie die ausdauerndsten Unterarten des Wolfes leben in den Kältegebieten, die kleinsten und schwächsten in den wärmeren Regionen. Mit der Verfügbarkeit von Nahrung läßt sich dieses Muster bestimmt nicht allein erklären. Nehmen wir die im Lebensstil recht ähnlichen Afrikanischen Wildhunde hinzu, so verhält es sich eher umgekehrt. Das tatsächlich vorhandene »Angebot« an Nahrung wäre in den großtierreichen Savannen Ostafrikas viel größer als in den Einöden hocharktischer Wälder und Tundren. In Ostafrika lebten ursprünglich so große Tierbestände, daß nur noch weitflächige Schutzgebiete, wie die Serengeti in Tansania vom einstigen Tierreichtum zeugen. Aber obwohl dort gegenwärtig eine riesige Biomasse an Säugetieren lebt, von denen die allermeisten in das Beutespektrum der Wildhunde passen würden, denn nur Elefanten und die kaum mehr vorhandenen Nashörner sowie große Büffel fallen aus Gründen der schieren Größe heraus, sind die Wildhunde außerordentlich selten.

Vor Jahrzehnten, als sie noch deutlich häufiger waren, standen ihr Jagderfolg und ihre Überlegenheit trotzdem in keinem Verhältnis zur vorhandenen Großtierbiomasse. Wenn wir aber, wie oben ausgeführt, den Fettgehalt des Fleisches als unabdingbare Voraussetzung für ausdauerndes Laufen mit einbeziehen, ergibt das Mißverhältnis einen Sinn: Die afrikanischen Großtiere sind durchschnittlich viel zu fettarm und daher als Nahrungsgrundlage für anhaltende Leistungen eines Dauerläufers nicht geeignet.

Wir kennen dies von uns selbst. Eine zu einseitige Fleischnahrung steigert auch bei bester Qualität nicht gerade unseren Bewegungsdrang und die körperliche Leistungsfähigkeit. Wir brauchen das ausgewogene Verhältnis zwischen Eiweiß, Fetten und Kohlenhydraten. Die Kombination eiweißreicher Nahrung, die für Gehirnentwicklung und für den Aufbau einer gut funktionierenden Muskulatur vonnöten ist, mit den energieliefernden Kohlenhydraten oder mit Fett vermittelt uns ein Höchstmaß an Leistungsfähigkeit. Hundehaltern ist dieser Zusammenhang gleichfalls vertraut, wenn sie mit kohlenhydratreichem Futter und viel Auslauf den Hund in gute Kondition bringen. Haustier und Mensch unterliegen hierbei keinen Sonderregelungen; vielmehr spiegeln sie die natürlichen Verhältnisse mit den Folgen einseitiger Ernährung besser als Tiere unter Freilandbedingungen. Eine allzu deutliche Abweichung wäre für sie rasch fatal. Der Mensch kann sie in weiterem Rahmen hinnehmen oder seine Haustiere dazu zwingen, wider ihre natürlichen Bedürfnisse zu leben. Folgen von Verfettung und Stoffwechselschäden aufgrund zu hoher Eiweißzufuhr gehören bekanntlich zu den Haupttodesursachen des modernen, unter den Bedingungen der westlichen Zivilisation lebenden Menschen.

So weit, so schlecht, könnte man an dieser Stelle resümieren. Die vom Beispiel des Geparden und seiner Jagd nach Gazellen ausgehenden Überlegungen führen zwar fast zwangsläufig zu so etwas wie einem »biologischen Beweis« für die Stoffwechselschwierigkeiten unserer modernen Überflußgesellschaft, deren Individuen jeder Arzt viel Bewegung verschreibt, aber sie waren nicht das Ziel. Es geht mir um Grundlegenderes.

Wir Menschen sind ein Spätprodukt der Evolution. Daß wir das geworden sind, was wir sind, hängt mit der Fortbewegung ganz grundsätzlich zusammen. Ein großer Teil aller dem Tierreich zuzuordnenden Lebewesen erreichte in der Fortbewegung den jeweiligen Fortschritt in der Evolution. Unbemerkt beziehen wir dies sogar in unsere tägliche Umgangssprache ein, wenn wir etwa sagen, daß diese Maschine laufend verbessert wurde. Dann liefen die Techniker ganz sicher nicht neben ihr her; die Sprache ist voll von solchen Beispielen. Wer nicht mehr gehen kann, gilt als schwerbehindert, und eine besonders deutliche, zielgerichtete Form des Gehens, das Schreiten, benutzen wir in unserer Sprache als Grundkennzeichen einer positiven Veränderung, genannt Fortschritt.

Betrachten wir deshalb nun den Anfang des Fortschritts, den Beginn der Fortbewegung auf dem Land, die Anfänge des Laufens oder Gehens. Der Ursprung dieser Fortbewegungsweise steckt bezeichnenderweise im Wasser. Lebewesen, die das »Laufen« mehr oder weniger direkt an Land »gelernt« hatten, blieben Kriecher. Aber davon später.

Das Land ist voll von Läufern; der Mensch ist einer unter vielen. Er ist kein Irrläufer der Evolution, wie uns manche glauben machen wollen, sondern die konsequente Fortsetzung eines Evolutionstrends, der mehr und mehr von der Schwerkraft unabhängig wurde. Auch davon später; zum Schluß des Buches werden diese allgemeinen Gesichtspunkte der Evolution der Fortbewegung in ihren vielfältigen Formen nochmals aufgegriffen werden.

Hier gilt es zunächst festzustellen, daß sich zwei große Gruppen von Organismen an Land befinden, die in mehr oder minder großem Ausmaß oder ganz auf die Fortbewegung mit Hilfe oder besser: unter Benutzung von Beinen eingerichtet sind. Laufen zu können setzt Beine voraus. Beine gibt es in zwei Grundformen. Die eine kennen wir von uns selbst. Es sind dies die Gliedmaßen der vierfüßigen Wirbeltiere. Sie haben per definitionem nie mehr als vier Gliedmaßen, daher ihr Name »Vierfüßer«, Tetrapoden. Aber sie können unter Umständen auch mit zweien ganz gut laufen, was uns insbesondere die Vögel vormachen.

Die andere Gruppe sind die Gliedertiere, die sich in der Zahl ihrer Gliedmaßen nicht generell festgelegt haben. Umgangssprachlich beginnen wir mit den Tausendfüßern, wohl wissend, daß dies eine ziemliche Übertreibung ist. Übertreibung bleibt auch die Kategorie der Hundertfüßer, während die Namensgebung des Zehnfußkrebses von größerer biologischer Genauigkeit zeugt. Was den oben erwähnten evolutionären Fortschritt betrifft, haben es die beiden Gliedertiergruppen mit der geringsten Zahl von Beinpaaren am weitesten gebracht, die Spinnen mit vier und die Insekten mit drei Beinpaaren. Wenn unter letzteren ein besonders schöner Tagfalter das vordere Beinpaar als Putzbeine benutzt und nur auf zwei Paaren wirklich läuft, dann halten wir dies – natürlich ganz unbewußt – für der Entwicklung höchste Stufe.

Evolutionsbiologen wie Stephen Jay Gould vom Museum für Vergleichende Zoologie der Harvard-Universität halten dem entgegen, daß all diese Organismen und die gesamte Palette aller anderen, evolutionsbiologisch betrachtet, genauso weit wie der Mensch gekommen seien, weil sie, nicht anders als der Mensch, bis heute überlebten, so ist diese Feststellung zwar richtig, aber sie geht am Kern des Phänomens vorbei. Denn warum sollten die stammesgeschichtlich jüngeren Gruppen der Gliedertiere die altbewährte Vielbeinigkeit zugunsten einiger weniger Beinpaare aufgegeben haben, wenn sie doch alle gleichwertig sind. Zumindest was die Fortbewegung anbelangt, sind sie es ganz sicher nicht.

Man stelle sich folgendes Experiment vor: Drei gute Läufer laufen hintereinander, und jeder faßt seinen Vordermann fest an der Schulter, so daß sie eine sechsbeinige Einheit bilden. Niemand wird auch nur einen Pfennig darauf wetten, daß diese drei Läufer schneller sein würden als ein mäßig trainierter einzelner. Kein noch so intensives Training würde ihre Leistungsfähigkeit über das Niveau eines einzelnen hinausheben können. Bei ein paar Dutzend Beinpaaren gäbe es ziemlich sicher schon bei ganz mäßigen Geschwindigkeiten ein Chaos.

Nun bestehen Tausend- und Hundertfüßer aus Normbauteilen, die sich, abgesehen vom Vorder- und Hinterende gleichförmig wiederholen. Die Koordination der Bewegung klappt daher besser, ungleich besser sogar, als bei unserem fiktiven Läufertrio. Die Beobachtung zeigt jedoch, daß ein Wettlauf zwischen Tausendfüßer und Hundertfüßer klar zugunsten des letzteren ausgeht, der aber hoffnungslos zurückfällt, wenn wir einen Laufkäfer mit ins Rennen schicken, der nur drei Beinpaare zur Verfügung hat. Der stummelfüßige Peripatus, das urzeitliche Modell der Beinentwicklung bei den Gliedertieren, käme gar nicht ins Rennen, denn von einem richtigen Laufen kann bei diesem »Wurm mit Stummelbeinchen« noch nicht die Rede sein. Hätten da zwei oder drei Beinpaare zu Anfang nicht gleich von vornherein bessere Startbedingungen für die Evolution des Laufens und damit für den Lauf der Evolution geboten? Im Prinzip ja, und dieses Prinzip sehen wir bei den Vierfüßern verwirklicht. Sie hatten nie, zu keiner Zeit ihrer Stammesgeschichte, mehr als zwei Beinpaare. Ihre Ausgangslage, also ihr Körperbau, war und ist aber auch ganz anders als die der Gliedertiere.

Bei diesen stecken die Beine in gelenkigen Röhren nicht unähnlich den Gliedmaßen in einer alten Ritterrüstung. Die Festteile befinden sich außen, nicht innen – wie bei Frosch und Vogel, bei Maus und Mensch. Diese Röhrenkonstruktion hatte sich im Hauptentwicklungsgebiet der Gliedertiere, im Meer, bewährt. Dort trägt das Wasser die Körperschwere. Die Gliedmaßen dienten ursprünglich weit mehr zum Festhalten denn zum Laufen.

Wenn ein großer Krebs, etwa eine Seespinne mit ihren meterweit spannenden, staksigen Beinen, am Meeresgrund umhersteigt, hat diese Bewegung mit dem Laufen kaum mehr zu tun, als daß eben Gliedmaßen bewegt werden. Von den solcherart schwer gepanzerten Krebsen gelang denn auch nur einer Gruppe kleiner Arten der Landgang. Diese der Gruppe der Strandkrabben zuzuordnenden Krebse können wiederum erstaunlich schnell und zielgerichtet laufen, jedoch aus unserer Sicht verkehrt, nämlich seitwärts. Geradeaus zu laufen bereitet ihnen viel mehr Schwierigkeiten. Vielleicht hängt damit ihre so auffallend abgehobene Stellung der Augen zusammen. Sie sitzen auf aufrichtbaren Stielen und nicht fest an der Frontseite des Kopfes. Natürlich sieht die Krabbe damit, wohin sie läuft. Aber diese Lösung kommt nur sehr selten vor und scheint ein Notbehelf zu sein. Die uns geläufige Form der Fortbewegung, bei der Kopfausrichtung und Bewegungsrichtung zusammenstimmen, scheint doch die weitaus überwiegenden Vorteile zu haben. Nicht von ungefähr flitzen Strandreiterkrabben (Gattung Ocypode), die zu den schnellsten unter den wirbellosen Tieren zählen, über völlig ebene Sandstrände. Daß die Ebene zum Meer hin geneigt ist, behindert diese Form des Laufens nicht.

Aber die Grundlinien der Entwicklung sollen nicht über den Beispielen aus dem Auge verloren werden. Die Verminderung der Zahl der Beine ist die eine durchgängige Linie in der »fortschreitenden« Entwicklung der laufenden Fortbewegung der Gliedertiere. Bei den Vierfüßern liegt die Verbesserung des Laufens in der Verminderung der Reibung mit dem Untergrund, Beispiel Gazelle. Für diesen Vorteil muß der Körper möglichst weit vom Boden abgehoben werden, so weit, daß die einzelnen Bauteile der Beine in günstige Längenverhältnisse zueinander kommen. Dies gilt aber für Vierfüßer in gleicher Weise wie für Gliedertiere.

Die Hebelgesetze regeln auch bei den Gliedertieren den Fortschritt der Möglichkeiten. Zwei oder drei gelenkig miteinander verbundene, starre Abschnitte bestimmter Längenverhältnisse ergeben das typische Insektenbein. Die anderen, kleineren Teilstücke sind notwendig, weil die Röhrenkonstruktion keine Kugelgelenke wie bei Wirbeltieren zuläßt. So ist der als Hüfte bezeichnete, körpernahe Teil des Insektenbeines zumeist kurz und kräftig. Ein ringförmiges Gebilde, der Schenkelring, schließt sich an und vermittelt die einem Kugelgelenk entsprechende Beweglichkeit für die beiden nachfolgenden Hauptteile, den Schenkelteil und die Schiene. Daran schließen sich die gleichfalls für die Feineinstellung der Bewegung zuständigen Fußglieder an, die zumeist mit Krallen enden und an der Spitze Sonderbildungen wie Haftläppchen tragen können.

Der für die Fortbewegung entscheidende Doppelteil, Schenkel und Schiene, entspricht unserem Ober- und Unterschenkel. Mittelfußknochen und Zehen oder Zehenspitzen, auf denen bei Tiergruppen wie den Pferden und den Rinderarten (Einhufer und Paarhufer) das ganze Bein aufsetzt, sind im Insektenbein durch die Fußglieder vertreten. Die Übereinstimungen kommen bei diesem funktionsbezogenen Vergleich besser heraus als in der üblichen, rein zoologischen Gliederung.

Entsprechendes gilt für den Energieaufwand bei der Fortbewegung. Je besser der Körper vom Boden abgehoben und je geringer die Reibungsfläche ist, mit der die Fußspitze auf dem Boden aufsetzt, desto geringer ist der Energieaufwand für das Laufen. Insekten wie die Laufkäfer oder Spinnentiere mit vergleichbar guter Abhebung des Körpers vom Boden zählen zu den besten Läufern. Auch die schon genannten Strandkrabben laufen auf den Spitzen der Beine, ohne daß der Körper den Boden berührt.

Bei so weitgehenden Übereinstimmungen verwundert die Tatsache, daß man bei den allermeisten Insekten die Lupe oder gar das Mikroskop braucht, um den Bewegungsapparat überhaupt richtig sehen zu können. Großformen, vergleichbar den Wirbeltieren, fehlen. Die größten Insekten erreichen gerade die unterste Grenze der Körpergröße von kleinen Fröschen, Kolibris oder winzigen Fledermäusen. Ein großer Laufkäfer mit ein paar Zentimetern Körperlänge mag noch so schnell laufen, er hat keine Chance, einer Spitzmaus zu entkommen, sofern er nicht rechtzeitig Deckung findet. Davonlaufen hilft ihm nicht.

Daß die Größe allein nicht ausschlaggebend ist, geht daraus hervor, daß die größten Käfer, den Elefanten unter den großen Landsäugetieren vergleichbar, recht langsam sind. Dagegen flitzen die kleinsten Mäuse doch recht schnell und erreichen Spitzengeschwindigkeiten von mehr als 5 km/h. Der starre, schwere Panzer aus Chitin wirkt bei den großen Insekten äußerst bewegungshemmend, und die Muskulatur ist bei weitem nicht so leistungsfähig wie bei den Wirbeltieren, insbesondere bei den Vögeln und Säugern mit ihrer geregelt hohen Körperinnentemperatur. Dafür werden wir bei Insekten hervorragende Flieger finden. Doch hier soll nicht vorgegriffen werden, sondern nur angedeutet sein, daß Langsamkeit am Boden nicht generell Langsamkeit bedeuten muß.

Auf keinen Fall könnten aber so große Insekten an Land leben wie die im Grundsatz recht ähnlich gebauten Riesenkrebstiere im Meer. Die Röhrenkonstruktion der Insektenbeine wäre nicht in der Lage, so schwere und große Körper zu bewegen. Menschengroße Riesenspinnen oder Insektenmonster sind genauso unmöglich wie wolkenkratzergroße Kingkongs. Auch Bäume wachsen bekanntlich nicht grenzenlos in den Himmel. Sie würden unter ihrer eigenen Last zusammenbrechen.

Vielleicht hat man bei der Berechnung der Riesendinosaurier, von denen manche auf mehr als 30 Tonnen geschätzt werden, zu hoch gegriffen. In ihren gewaltigen Bäuchen befanden sich Gärkammern, in denen nährstoffarme Pflanzenkost mit Hilfe von Bakterien aufgebessert und für die Echsen verwertbar gemacht worden war. Diese gaserfüllten Bäuche hatten aber vermutlich deutlich geringere Körpergewichte zur Folge, als sie berechnet worden sind. Die Stärke und die Querschnitte der säulenartigen Beine der Dinosaurier reichen jedoch durchaus aus, um selbst 30 Tonnen zu tragen. Fortbewegt können sich die Riesen aber doch nur recht langsam haben.

Dieser Sprung zu den größten Landwirbeltieren sollte nochmals bekräftigen, wie sehr die Fortbewegung an Land von der Wirkung der Schwerkraft abhängt. Gut laufen zu können ist nicht von vornherein die beste aller Fortbewegungsmöglichkeiten. Nur wenn die Proportionen stimmen, ergibt sich ein günstiges Verhältnis zwischen Aufwand und Ertrag, zwischen Geschwindigkeit und zu überwindendem Widerstand. Den Insekten blieb wegen ihrer Eigenheiten im Körperbau der Ausbau des Laufvermögens verwehrt. Für uns sind sie in der großen Mehrzahl Krabbler – es sei denn, sie können fliegen.

Die Wirbeltiere hatten von vornherein den besseren Start. Sie stammen von Schwimmern ab, die ihre langgestreckten Körper mit Flossen stabilisieren mußten, wenn der Antrieb über die Schwanzflosse klappen sollte. Diese Steuerung setzte an vier Punkten im unteren Teil des Körpers an, nämlich vorne hinter dem Kopf (Brustflossen) und hinten im Bereich der Afteröffnung (Bauchflossen). Aus drehbaren, für langsame Präzisionssteuerung geeigneten Flossen, die nicht direkt am Körper ansetzen, sondern etwas davon abgehoben auf dickstieligen Verlängerungen sitzen, wurden die beiden Beinpaare, die wir in Form unserer Beine und Hände mit Kröten und (den meisten) Echsen, mit Vögeln und unserer Säugetierverwandtschaft, einschließlich der Fledermäuse, gemeinsam haben.

Mit den heutigen Lungenfischen und dem als »lebendes Fossil« eingestuften Quastenflosser (Latimeria chalumnae) nahe verwandte Fische eroberten mit diesen Stummelbeinen vor rund 400 Millionen Jahren das Land. Von ihnen stammen alle Landwirbeltiere und somit auch wir Menschen ab. Diesem Ursprung verdanken wir die Vierzahl unserer Gliedmaßen; sie lag damals fest, weil die Fischvorfahren diese vier Flossen, aus denen später die Gliedmaßen geworden sind, zur Stabilisierung langsamen Schwimmens in Bodennähe gebraucht hatten. Hätten andere Fischgruppen den Anfang gemacht, könnte man sich durchaus auch eine andere Lösung der Anlage von Fortbewegungsorganen an Land vorstellen. Ob sie so effizient geworden wären, das ist die Frage. Aller Wahrscheinlichkeit nach nicht.

Die Technik hat trotz zahlloser Experimente keine bessere Lösung gefunden und den kleinen, schnellen Fahrzeugen genauso vier Räder verpaßt wie den alten Pferdewägen oder den Einzelteilen der Bahn, den vierrädrigen Wägen. Die nächstbeste Lösung ist die zweibeinige oder zweirädrige, wie bekannt. Dreiräder taugen nur für besondere Fälle. Die Übereinstimmungen sind gar nicht so oberflächlich, wie es auf den ersten Blick aussieht, sondern doch recht funktionsbezogen. Dabei spielt die Effizienz der Ausnutzung der Energie unter den gegebenen Rahmenbedingungen die Hauptrolle.

So gut und so tauglich die vier Beine für den Landgang der Wirbeltiere waren, so wenig brachte ein anderes, mehr zufälliges Erbe ein: die Fünfzahl der Finger oder Zehen. Höchstwahrscheinlich war die Fünfzahl gar nicht so ursprünglich, wie bis in die letzten Jahre auch von Biologen angenommen worden ist.

Die fünf Finger unserer Hand sind nämlich nicht einfach die Enden von fünf Strahlen, die von den Handwurzelknochen ausgehen und sich über die Mittelhandknochen bis zu den Fingern erstrekken. Noch weiter zurück in der Stammesgeschichte gab es sieben Strahlen. Die letzten beiden waren bereits zurückgebildet, oder – vielleicht treffender ausgedrückt – sie wurden nicht mehr ausgebildet, als sich die Gliedmaßen zum Landgang entwickelten. Finger und Zehen bilden eine Sichel in ihrer ursprünglichen Anlage, aus der anfänglich sieben oder acht, vielleicht sogar noch mehr, dann fünf und in der Folgezeit in Abänderung immer weniger Strahlen hervorgekommen sind.

Bei den Pferden haben wir den Endpunkt der Entwicklungsmöglichkeiten mit nur noch einem einzigen ausgebildeten Strahl, der im Huf auf der Spitze der Mittelzehe mündet. Alle anderen sind rückgebildet oder überhaupt nicht mehr zu erkennen. Bei den Paarhufern blieben die beiden mittleren Strahlen ziemlich gleichberechtigt übrig, während uns Menschen die fünffingrige Hand ein höchst wichtiges Greifvermögen gestattet.

Wie »leicht« es im Evolutionsprozeß gewesen sein muß, Bau und Zahl der Endstrahlen der Gliedmaßen zu verändern, geht aus diesen Vergleichen hervor. Der Gepard kann auch aus diesem Grund gar nicht so co-evolutiv eng mit den Gazellen verbunden gewesen sein, denn diese hatten längst die Vorteile der Verminderung der Zehenzahl auf zwei und die Aufrichtung des Fußes auf die beiden Zehenspitzen für sich genutzt, ihre Lauffähigkeit also verbessert, während der Gepard bis heute auf voller Pfote läuft.

Selbst große, nachhaltig wirksame Veränderungen im Evolutionsgeschehen gleichen, genauer betrachtet, viel mehr einem Kompromiß aus einander widerstreitenden Richtungen als einer Maximierung der Leistung. Bezeichnet man diese Kompromisse als »günstigste Lösungen«, so heißt das nicht, daß ein Optimum im herkömmlichen Sinn erreicht worden wäre, sondern eher taugliche Teillösungen, die nicht besser werden konnten, weil doch ein gerütteltes Maß an evolutionärem Ballast mitgeschleppt werden mußte.

Eigentlich möchte man solche Unvollkommenheiten der Natur gar nicht zubilligen. Eine solche Auffassung liegt jedoch einzig und allein an uns und unserer Sicht der Natur als der besten aller Welten. Doch alle Idealisierung hilft nichts. Der Gepard, um beim Bild zu bleiben, ist zwar der schnellste Läufer, aber deshalb noch lange nicht der beste. Die Hyäne repräsentiert vielleicht einen besseren, längerfristig mehr überlebensfähigen Kompromiß als die Eleganz des Geparden. Ist das der »Lauf« der Evolution?

Es gibt noch weitere, höchst bedeutsame Formen der Fortbewegung. Wenden wir uns ihnen zu. Vielleicht offenbaren sie ganz andere Lösungen.

2. Kapitel
Fliegen

Wenn Rekorde überhaupt zu etwas gut sind, dann vielleicht dazu, die Grenzen der jeweiligen Leistungsfähigkeit aufzuzeigen. Wie schnell können Vögel fliegen? Das ist eine häufig gestellte Frage. Anders als beim Geparden mit seinen 120 km/h Spitze gehen für die Spitzenfluggeschwindigkeiten die Angaben weit auseinander. Nicht einmal bezüglich der Vogelart herrscht Einigkeit unter den Gelehrten. Die Mehrzahl der Angaben verweist den Wanderfalken mit einer Spitzengeschwindigkeit von 360 km/h auf den ersten Rang, aber das Guinnessbuch der Rekorde für die Vogelwelt nennt als genügend sicheren Wert »nur« 180 km/h. Mit einem Geschwindigkeitsmesser ausgestattete, trainierte Wanderfalken flogen 132 km/h, aber möglicherweise beeinträchtigte sie doch die Meßapparatur ein wenig. Im schnellen Streckenflug bringt es der Wanderfalke wahrscheinlich auf kaum mehr als 150 km/h; ein Wert, der der Geschwindigkeit gleichkommt, die für Hochleistungs-Brieftauben ermittelt worden ist. Die Tauben können etwas nicht, was der Wanderfalke kann und was ihn zum Hauptfeind der Tauben macht, den extrem schnellen Steilstoß. Dabei wird die Erdanziehungskraft mit ausgenutzt. Nur mit ihrer Hilfe mag es Wanderfalken gelingen, die gemessenen 180 km/h oder die errechneten 360 km/h zu erreichen.

Gelingt es dem Falken, mit solchen Geschwindigkeiten einen Stoßflug auf die Taube anzusetzen, hat diese nur noch geringe Chancen. Die Wucht des Schlages tötet sie in der Luft. Den Boden darf der Falke dabei keinesfalls berühren. Er würde den Aufprall nicht abfangen und somit nicht überleben können.

Anderen Angaben zufolge sollen die südostasiatischen Stachelschwanzsegler (Hirundapus caudacutus) die kaum glaubliche Geschwindigkeit von 335 km/h erreichen. Auch für große südamerikanische Segler werden ähnlich hohe Fluggeschwindigkeiten angenommen. Im Gegensatz zum Wanderfalken und zu anderen schnellen Großfalken handelt es sich dabei um geradlinigen und aktiven Kraftflug, nicht um einen Steilstoß. Immerhin werden für unseren europäischen Mauersegler (Apus apus) gleichfalls an die 180 km/h Spitzengeschwindigkeit angegeben.

Genug der Rekorde; wie fragwürdig sie sind, hängt nicht nur mit den Ungenauigkeiten der Messungen zusammen, sondern auch mit ihrer biologischen Bedeutung. Wir könnten zwar leicht für das Verhältnis von Wanderfalke und Taube ein ähnliches Karussell der Co-Evolution zusammenstellen wie für Gepard und Gazelle. Aber mittlerweile würde der Leser längst argwöhnen, daß die Lösung ganz anders aussieht. Sparen wir uns die Wiederholung, und werfen wir gleich einen Blick auf die Nachteile der so phänomenalen Fluggeschwindigkeit.

Seit sich die Bestände der Wanderfalken in Mitteleuropa, dank umfangreicher Schutzmaßnahmen wie Horstbewachungen rund um die Uhr während der Brutzeit und durch den Rückgang der Pestizidbelastung, wieder deutlich erholt haben, bestehen ganz gute Aussichten, eine Auseinandersetzung in der Luft zwischen zwei höchst ungleichen Vogelarten mitzuerleben.

Schauplatz des Geschehens: Eine Feldflur in einem Flußtal, an dessen Hängen Wanderfalken horsten. Auf dem Anfang Mai noch weitgehend vegetationsfreien Maisacker brütet ganz ungeschützt ein Kiebitz. In einer weiten Schleife fliegt ein Wanderfalke heran und hält nach Beute Ausschau. Im Horst warten hungrige Jungvögel auf Nahrung. Das brütende Kiebitzweibchen drückt sich auf das Gelege. Das in der Nähe weilende Männchen hingegen bereitet offensichtlich seinen Selbstmord vor: Es fliegt auf und warnt laut. Gerade so, als ob es nur aus der Luft zu pflücken wäre, zieht der Wanderfalke hoch und setzt den Steilstoß an. Der Kiebitz macht keine Anstalten davonzufliegen. Das sich duckende Weibchen scheint zu wissen, daß der Falke nicht zum Boden herabstößt. Dieser hat die Flügel zusammengezogen und an den Körper gelegt. Wie ein Geschoß saust er auf den immer noch wie unbekümmert fliegenden Kiebitz zu – und schießt voll daneben. Denn im letzten Moment macht dieser eine nur kleine Rolle zur Seite und läßt den Falken ins Leere fahren. Nach mehr als 200 Metern dreht dieser aus dem Fehlstoß zurück und versucht es aufs neue. Mit dem gleichen Ergebnis: Der Kiebitz weicht ungemein geschickt aus, sobald der Falke dicht genug herangekommen ist. Nach 3 oder 4 Fehlstößen gibt dieser auf und streicht ab. Der Kiebitz landet, noch immer sehr erregt, neben seiner Partnerin.

Eine im Kraftflug kaum schwächere Taube hätte dem Falken wahrscheinlich nicht mehr entkommen können, wenn dieser schon so nahe herangekommen ist. Ihr fehlt die Möglichkeit zum blitzschnellen Ausweichen. Denn ihr Flügelschnitt ermöglicht Schnelligkeit und Ausdauer beim Fliegen, aber keine wirkliche Wendigkeit, wenn es um Sekundenbruchteile geht. Der Kiebitz ist in dieser Hinsicht ungleich vorteilhafter gebaut. Seine Flügel sind kurz und rundlich. Sie erlauben ihm jenes Hakenschlagen in der Luft, das den Falken zum Fuchs degradierte, der auch weiterläuft, weil er gar nicht anders kann, bis er stark genug abgebremst hat, um die Verfolgung des Hasen wieder aufzunehmen. Bei der Feindvermeidung zählt weit weniger die Geschwindigkeit als die Wendigkeit, und diese hängt bei Vögeln vom Zuschnitt der Flügel ab.

Die Steigerung der Fluggeschwindigkeit zahlt sich nur aus, wenn der Kurs der Beute lange genug unverändert bleibt. Wechselt er zu rasch, verliert der Schnellere. Die Jagd im Luftraum gestaltet sich in dieser Hinsicht viel schwieriger als am Boden, weil Ausweichmöglichkeiten in alle Richtungen des Raumes offen sind. Am Boden bleibt die Jagd weitgehend in einer Ebene, wenn man von gelegentlichen Luftsprüngen absieht.

Wanderfalken, der Name scheint es anzudeuten, sind daher eine Anpassungsform unter den Vogeljägern, die Beute nutzt, die sich auf vorauskalkulierbaren Kursen mit ziemlich hoher Geschwindigkeit, verbunden mit geringer Wendigkeit, im Luftraum bewegt. Das sind über weite Strecken fliegende Tauben und Enten. Beide bilden, je nach Lebensraum, die Hauptmasse der Wanderfalkenbeute. Sie entsprechen damit recht genau den über weite Strecken wandernden Gazellen, die vom spurtschnellen Geparden genutzt werden, während die viel größeren Habichte den wendigen, bei weitem nicht so schnellen Lauerjägern vergleichbar wären.

Habicht und Sperber haben kurze und rundliche Flügel. Sie sind damit in der Lage, nicht nur schnell ausweichenden Vögeln mit ausreichendem Jagderfolg nachzustellen, sondern sie können auch Beute schlagen, die sich am Boden fortbewegt, zum Beispiel Hasen und Kaninchen, oder Eichhörnchen aus dem Geäst herausgreifen. Der größere Habicht wählt die größere Beute, der kleinere Sperber die kleinere, wobei sich beide sogar innerhalb der Art in der Größe der Geschlechter stark unterscheiden. Dadurch sind sie zusammen in der Lage, die volle Bandbreite des möglichen Nahrungsspektrums auszunutzen. Nicht der schnellste, der Wanderfalke, ist der erfolgreichste Jäger der Lüfte, sondern die vielseitigen Greifvögel sind in den Spitzenplätzen der Häufigkeit zu finden.

Betrachten wir nun den Kiebitz, dann zeigt sich, wie voreingenommen wir ihn soeben gerühmt haben. Sein Vorteil der blitzschnellen Wendungen im Fall eines Feindangriffes kehrt sich rasch in den Nachteil langsamen Fluges um, wenn es gilt, auf dem Zug ins Brutgebiet oder ins Winterquartier große Strecken zu bewältigen. Der Kiebitz braucht mit seinem langsamen, kaum 40 km/h erreichenden Flug zwei- bis dreimal so lange wie andere Vögel seiner Größenklasse. Außerdem muß er mehr Energie für den Flug aufwenden. Auf die Energiekosten des Fluges komme ich zurück. Hier mag es genügen festzuhalten, daß auch die Wendigkeit ihren Preis hat.

Es gibt zahlreiche verschiedene Flugweisen unter den Vögeln. Sie alle haben Vor- und Nachteile. Geschwindigkeit und Wendigkeit sind nur zwei von mehreren Grundtypen, allerdings für kleine bis mittelgroße Vögel in der Regel die wichtigsten. Dazu ein paar Beispiele: Schnelle Flieger, die den Luftraum zum Nahrungserwerb nutzen, zeichnen sich durch schmale, oft sichelförmige Flügel aus. Sie ermöglichen hohe Fluggeschwindigkeiten, kosten aber besonders viel Energie. Eine ganz andere Methode wenden große Greifvögel sowie Störche, Pelikane und andere an, wenn sie segeln. Mit großen, breitflächigen Flügeln nutzen sie dabei insbesondere aufsteigende Warmluftmassen, die Thermik. Das erspart den hohen Kraftaufwand aktiven Fluges, macht aber abhängig von der Thermik. So müssen Weißstörche auf besonderen Flugrouten weite Umwege in Kauf nehmen, nur um über nahezu die gesamte Strecke vom Brutgebiet in Europa ins Winterquartier nach Afrika zu kommen.

Die »Oststörche« segeln die Gebirgsketten im südöstlichen Europa entlang, überqueren bei passender Witterung den Bosporus, ziehen die kleinasiatischen Gebirge entlang über den Libanon und Sinai nach Afrika, wo sie dem großen Grabenbruch folgen, bis sie schließlich über die ostafrikanischen Hochsteppen und Savannen nach Südafrika gelangen, wo sie überwintern. Im Frühjahr nehmen sie denselben Weg zurück.

Etwa entlang der Elbe scheiden sich die Einzugsgebiete dieser »Oststörche« von den »Weststörchen«, die über Frankreich und Spanien nach Gibraltar fliegen, wo sie bei Tarifa hochkreisen und auf günstige Winde warten, bis sie die Meerenge in Richtung Afrika überqueren können. Den Atlas entlang führt ihr Weg weiter in die Sahel-Savannen, wo diese Störche überwintern. Den größten Teil dieser enormen Flugstrecken legen sie segelnd zurück. Das kostet nahezu keine zusätzliche Energie, weil die wenigen Flügelschläge ausreichen, um immer wieder in die Thermik hineinzukommen, mit der sie hochkreisen, bis sie genügend Höhe erreicht haben. Aus der Höhe gleiten sie dann viele Kilometer in Zugrichtung, bis sie so viel Höhe verloren haben, daß sie sich wieder hochschrauben müssen.

Völlig anders verhalten sich dagegen die annähernd gleich großen und ähnlich gebauten Kraniche. Der europäische Graukranich nutzt nicht die Thermik, sondern fliegt in anhaltendem Ruderflug, der Kraft kostet, auf genau festlegbaren Flugrouten in die spanischen oder vorderasiatischen Winterquartiere. Von Rügen aus, einem der Hauptsammelplätze der Kraniche auf ihrem Zug, starten sie und fliegen nonstop über Frankreich und die Pyrenäen bis nach Südwestspanien.

Dagegen nutzen große Greifvögel, wie Adler und Geier, auf ihrem Weg in die Winterquartiere in ganz ähnlicher Weise die Thermik wie der Weißstorch. Zu Zehntausenden kreisen die Adler über dem Bosporus, die Bussarde zu Hunderttausenden, und streben von dort in Richtung Afrika. Auch die Südspitze Spaniens bietet ein ähnliches Schauspiel zur Zugzeit der Greifvögel.

Gänse und Enten wiederum benutzen den Kraftflug. Den kleineren Enten könnte man unterstellen, daß sie einfach für das Segeln zu geringe Flügelflächen aufweisen. Das ist richtig, aber keine ausreichende Begründung. Denn hinsichtlich ihres Körpergewichtes, das im groben Durchschnitt etwa ein Kilogramm ausmacht und bei manchen Arten über zwei Kilogramm erreichen kann, stehen sie manchen kleineren Adlern nicht nach. Es liegt an ihrem ganz anderen schmal-spitzen Flügelschnitt und an der Muskulatur, ob sie den Kraftflug bewältigen können oder nicht. Für den Segelflug ist der Flügelschnitt der Enten ungeeignet. Auch für die Gänse gilt das mit gewissen Einschränkungen. Denn ihre Flügelflächen wären groß genug, daß sie zumindest zeitweise segeln könnten. Abgesehen von Phasen im Landeanflug tun sie das aber nicht.

Einer der wichtigsten Gründe hierfür ist die Flächenbelastung der Flügel. Sie setzt sich aus dem Verhältnis von Flügelfläche zum Gewicht zusammen. Je größer die Flächenbelastung, desto mehr muß der Vogel im Kraftflug fliegen und umgekehrt. Die leichten Möwen können trotz ihrer verhältnismäßig schmalen Flügel ganz gut segeln, zumal wenn sie einen stärkeren Wind nutzen können. Die bei vergleichbarer Flügelfläche bis zu 4mal schwereren Enten würden zu schnell absacken, weil die Flächenbelastung ihrer Flügel zu groß ist.

Bei großen, langflügeligen Seevögeln, bei Sturmtauchern und Albatrossen, sind wieder andere Verhältnisse gegeben. Diese besten unter den Niedrigseglern nutzen die Turbulenzen über der Meeresoberfläche, vor allem bei Wellengang, zu ihrem anhaltenden Segelflug aus, der sie im Extremfall ohne Flügelschlag und ohne auch nur einmal landen zu müssen, in der Westwinddrift der Südhemisphäre rund um die Antarktis trägt.

Komplexer werden die Verhältnisse bei den Kleinvögeln. Ihre Flügelflächen sind für den kraftsparenden Segelflug in jedem Fall zu klein. Sie müssen fast immer mit den Flügeln schlagen, um in der Luft bleiben zu können. Manche Arten wie die Finkenvögel, besser noch zu beobachten bei den Spechten, schlagen ein paarmal hintereinander mit den Flügeln und gewinnen dabei nicht nur Vortrieb, sondern auch an Höhe. Dann halten sie mit dem Flügelschlag inne und schießen im Bogen weiter, bis sie so viel an Höhe verloren haben, daß sie wieder mit den Flügeln schlagen müssen. Auf diese Weise kommt ein auffallender Bogenflug zustande.

Zwei seltenere Flugformen schließen die Reihe der wichtigsten Typen des Fliegens ab: der Rüttelflug und der Schwirrflug. Den Rüttelflug benutzen in der mitteleuropäischen Vogelwelt vor allem die Turmfalken (Falco tinnunculus). Sie scheinen dabei regelrecht in der Luft zu hängen. Mit stark angewinkelten Flügeln schlagen sie recht schnell, während der breit gefächerte Schwanz weit nach unten gedrückt wird und damit den von den Flügeln verursachten Vortrieb wieder abbremst. Aus dem Verhältnis von Auftrieb und Erdanziehungskraft stellt sich dabei dann das Gleichgewicht ein, das den Falken auf der Stelle stehen läßt.

Während Turmfalken auch bei geringer Luftbewegung, im Extremfall sogar bei Windstille, in der Lage sind, im Rüttelflug in der Luft zu stehen, können dies die viel größeren und schwereren Mäusebussarde nicht. Sie brauchen für den schwerfällig wirkenden Rüttelflug einen ausreichend starken Gegenwind. Der dem Mäusebussard nahe verwandte, vorwiegend in der arktischen Tundra lebende

Rauhfußbussard (Buteo lagopus) beherrscht den Rüttelflug erheblich besser als der in der gemäßigten Zone Eurasiens weitverbreitete Mäusebussard (Buteo buteo).

In den baumarmen bis baumlosen Weiten der Arktis und Subarktis wehen fast beständig Winde, die es dem Rauhfußbussard erleichtern, den Rüttelflug zu nutzen. Das gilt ganz genauso für den Turmfalken, der im Gegensatz zum plumperen Mäusebussard ein ausgesprochener Steppenvogel ist, der erst mit der Öffnung der mitteleuropäischen Wälder und der Umwandlung zur Kulturlandschaft eingewandert ist. Über den Steppen weht gleichfalls fast beständig Wind.

Der Rüttelflug eignet sich unter diesen Verhältnissen gut zum Beutemachen, aber es gibt andere Lösungen, die offenbar gleichfalls tauglich sind. In den Steppengebieten jagen die großen Adler aus dem über weite Strecken vorherrschenden Segel- und Gleitflug heraus. Haben sie eine mögliche Beute entdeckt, geht ihr Flug in ein Kreisen über, aus dem dann gegebenenfalls der Sturzflug angesetzt wird. Andere Greifvögel, vornehmlich die Weihen (Gattung Circus), jagen in dicht über dem Boden ausgeführtem, schaukelndem Flug mit V-förmig gehaltenen Flügeln, um dann, wenn sie Beute lokalisieren, plötzlich abzukippen, um zuzupacken. Auch tagjagende Eulen wie die Sumpfohreule (Asio flammeus) oder die in der Tundra jagende Schnee-Eule (Nyctea scandiaca) benutzen diese Jagdtechnik.

Turmfalken passen ihren aufwendigen Rüttelflug den jahreszeitlichen Verhältnissen an. Im Sommerhalbjahr herrschen, bedingt durch die größeren Temperaturgegensätze und die stärkere Sonneneinstrahlung, oft günstigere Windverhältnisse. Der Rüttelflug wird in dieser Zeit stärker eingesetzt als im Winterhalbjahr. Doch größere Abhängigkeiten ergeben sich von den Windgeschwindigkeiten. Schon bei mittleren Windstärken rütteln die Turmfalken regelmäßig, während sie bei Windstille oder bei geringer Luftbewegung nach Möglichkeit darauf verzichten und vom Ansitz aus jagen.

Diese Beobachtung, die man leicht nachvollziehen kann, weist darauf hin, daß die Falken ihren aufwendigen Rüttelflug ökonomisch einsetzen. Das hat gute Gründe, denn der Energieverbrauch, der damit verbunden ist, liegt 3- bis 5mal höher als im Normalflug und mindestens 10mal so hoch wie bei der Jagd vom Ansitz aus. Er muß sich rentieren.

Im Sommer zwingen hochstehende Bodenvegetation, welche die Sicht stark einschränkt, und der erhöhte Nahrungsbedarf, wenn Junge gefüttert werden müssen, zum häufigeren Einsatz als im Winter, wenn das Jagdgelände übersichtlicher ist und der Falke nur sich selbst zu versorgen hat. Daß er überhaupt benutzt wird, obwohl er so aufwendig ist, läßt sich mit diesen »kurzfristigen Anforderungen« jedoch nicht erklären. Denn die Flügel mußten ja im Zuge langer Veränderungsvorgänge, die Hunderttausende von Jahren, vielleicht sogar Jahrmillionen, in Anspruch genommen haben, den hierfür geeigneten Zuschnitt bekommen. Kurz: Es mußte ein Selektionsdruck gegeben gewesen sein.

Ob dieser Druck unmittelbar wirkt oder mittelbar über einen anderen Zusammenhang, soll hier noch offen bleiben. Die Flugweise der Schwirrflügler wird hierfür recht aufschlußreiche Einblicke vermitteln, die den Lösungsansatz für den Rüttelflug gleich mitliefern.

Ansätze zum Schwirrflug finden sich bei vielen Vogelarten. Wenn wir im Garten einen Grauschnäpper (Muscicapa striata) beobachten, wie er mit dem nur Sekundenbruchteile dauernden Schwirren aus der Luft ein vorüberfliegendes Kleininsekt »pflückt«, so sieht das noch recht unbeholfen aus. Diese Ansätze zum Schwirrflug sind auch unbeholfen, verglichen mit dem, was die Meister dieses Fluges, die Kolibris, entwickelt haben.

Mit bis über 90 Flügelschlägen in der Sekunde stehen sie in der Luft, schießen dahin und dorthin, drehen und wenden oder fliegen sogar, ohne zu drehen, ein Stück zurück, etwa wenn sie ihren dünnen Schnabel zum Nektartrinken in eine Blüte versenkt haben. Die Flügel schlagen so schnell, daß sie sich unserem Auge nur schattenhaft abbilden. Erst Hochgeschwindigkeits-Photographie offenbart die bei diesem Schwirrflug auftretenden Verdrehungen der Handschwingen und des Flügels. Vereinfacht ausgedrückt, beschreibt der Flügel im Schwirrflug eine Acht, so daß der Kolibri auch beim Flügelaufschlag noch Auftrieb gewinnt. Alle anderen Kleinvögel, die Ansätze zum Schwirrflug machen, bleiben Stümper, verglichen mit den Kolibris.

Daß sie diese besondere Drehbarkeit ihrer Flügel zuwege bringen, liegt daran, daß ihre Flügel im Armteil sehr kurz sind. Es handelt sich beim Kolibriflügel fast nur um den Handteil, der groß ausgebildet ist. Wir können an uns selbst nachvollziehen, daß die Hand ungleich besser gedreht und gewendet werden kann als der Arm, obwohl wir im Schultergelenkt ein sehr gutes Kugelgelenk tragen. Was heißt das? Kolibris haben zwar anders gebaute, aber keine grundsätzlich anderen Flügel. Also sollten auch andere Vogelgruppen in der Lage gewesen sein, einen richtigen Schwirrflug zu entwickeln. Der Flügelbau vieler Singvögel ist nicht grundsätzlich anders. Wenn ein Mauerläufer (Tichodroma muraria) eine Felswand hochhuscht und dabei ähnlich einem Schmetterling seine kurzen, runden Flügel einsetzt, dann ist ein ähnliches Verhältnis zwischen großem Handteil und kurzem Armteil des Flügels gegeben.

Wozu es gut ist, daß Kolibris so phantastisch fliegen können, weiß man seit langem. Es ist der Nektar, den sie aus Blüten trinken, und dieser liefert ihnen die für den aufwendigen Schwirrflug nötige Energie. Die Zucker im Nektar brauchen nur geringfügig verändert zu werden, dann kann sie der Stoffwechsel unmittelbar übernehmen. Glukose, der Traubenzucker, ist auch bei den Kolibris der Energiespender, und die kleinen Schwirrer verbrauchen enorme Mengen davon. Pro Tag liegt ihr Bedarf, je nach Zuckerkonzentration im Nektar, beim halben bis ganzen Körpergewicht. Nektar enthält zu 70 bis 90 Prozent Wasser. Diese Wasserzufuhr sichert zugleich die innere Kühlung der Muskulatur und des Blutkreislaufes. Denn mit der Muskelbewegung wird unvermeidlich Wärme freigesetzt.

Ein schwirrfliegender Kolibri bewegt sich beständig auf dem schmalen Grad zwischen Höchstleistung und Überhitzung, denn mit über 42 Grad Celsius befindet sich seine Körpertemperatur schon an der obersten Grenze des gerade noch Erträglichen. Hätte er nicht die außerordentlich leistungsfähige Vogellunge, die einen viel besseren Gasaustausch als die sackförmig gebaute Lunge der Säugetiere ermöglicht, und die leistungsfähigsten Nieren, die es gibt, könnte er diese Extremleistungen nicht vollbringen.

Hätte er nicht, dann wäre er nicht... Diese Form der Betrachtung, bei der alles so schön zusammenpaßt und wie eine Optimallösung aussieht, bringt uns allerdings außer Staunen über die Natur nichts weiter ein. Können wir doch genausogut umgekehrt argumentieren: Hätte er diese aufwendige Flugweise nicht entwickelt, brauchte er auch all die anderen Besonderheiten nicht.

Die Frage nach dem Warum war mit der Feststellung, daß der Nektar die Energie liefert, offensichtlich höchst unzureichend beantwortet. Denn was zwingt den Kolibri dazu? Was kann diese Vogelgruppe ursprünglich, als sie sich entwickelt hatte, dazu gebracht haben, den Nektar auszunutzen? Nur um ein Höchstmaß an Schwirrflugleistung zu vollbringen? Wohl kaum. Denn ein solches Vorgehen, Rekorde zu erzielen, dürfte doch ein typisch menschliches sein.

An den Kolibris wird klar, was sich bei den anderen Beispielen zum Flug der Vögel schon angedeutet hatte: Ernährung und Energieversorgung sind zwei unterschiedliche Gegebenheiten. Sie hängen zwar zusammen, aber sie sind nicht eins.

Im Stoffwechselgeschehen lassen sich zwei Bereiche unterscheiden. Der eine betrifft den Aufbau, das Wachstum oder die Vermehrung. Er wird als Aufbaustoffwechsel bezeichnet und dreht sich vor allem um Eiweiß und energiereiche Phosphorverbindungen. Der andere hält die Maschinerie des Körpers in Gang und liefert den Brennstoff für die Energieumsetzungen, die zur Bewegung oder auch zu Wachstums- und Entwicklungsvorgängen notwendig sind. Dieser Energiestoffwechsel wird besser als Betriebsstoffwechsel bezeichnet. Seine Grundeinheit ist der Traubenzucker, der energieliefernde Brennstoff.

Wenn die Kolibris Blütennektar nutzen, so gewinnen sie dadurch verhältnismäßig große Mengen an Zucker für den Betriebsstoffwechsel, die, bezogen auf den sehr geringen Gehalt an Aminosäuren, den Bausteinen für die Bildung von Eiweiß, einen massiven Überschuß darstellen. Diesen Überschuß benutzen die Kolibris in ihrem aufwendigen Flug, um darüber hinaus die für den Aufbaustoffwechsel benötigten Eiweißstoffe aus dem Fang von Kleininsekten zu erbeuten. Die Jagd nach den für uns kaum sichtbaren Winzlingen im Luftraum ist sehr aufwendig – aber sie kann und darf es auch sein, wenn reichlich Nektar als Energiespender verfügbar ist. Die vergleichsweise klare Trennung von Aufbaustoffwechsel und Betriebsstoffwechsel bei den Kolibris vermittelt den Einstieg in die weniger offenkundigen Verhältnisse bei anderen Vögeln bis hin zur Evolution der Vögel und ihrer Flugfähigkeit.

Für die Kolibris steckt der Gewinn in dem für sie »wertvollen«, da nicht durch Giftstoffe geschützten Eiweiß der Kleininsekten und in den gleichfalls nicht vergifteten Aminosäuren im Nektar. Das lohnte die Entwicklung des so außerordentlich kräftezehrenden Fluges mit all seinen Konsequenzen in einer Welt, in der die für die Fortpflanzung entscheidende Nahrung äußerst knapp ist. Für Regionen mit reichlichem Insektenangebot und wenig Nektar wäre der Lebensstil der Kolibris ziemlich sinnlos.

Wir sehen das an ihren Verwandten, den Seglern. Auch sie sind, wie schon festgestellt, hervorragende Flieger, die mit die größten aktiven Fluggeschwindigkeiten erreichen. Wenn Mauersegler um Dächer oder Türme jagen, wird man ihrer Flugleistung vielleicht eine ähnliche Bewunderung zollen wie den Kolibris, deren Flugstil hierzulande übrigens durch größere Schmetterlinge aus der Gruppe der Schwärmer vorgeführt wird. Aber davon später mehr.

Bei den Seglern zeichnen sich die Flügel ähnlich wie bei den Kolibris durch einen kurzen Armteil und einen langen, sichelförmig ausgebildeten Handteil aus. Diese Sichelform ermöglicht ihnen das namengebende Segeln, das wohl die wenigsten Beobachter jemals gesehen haben. Denn wenn die Segler richtig segeln, dann tun sie das zumeist nachts in den Aufwinden, in denen sie angeblich sogar in der Luft nächtigen können. Im Englischen heißen sie viel kennzeichnender »swift«, was »sehr schnell« bedeutet. Beim normalen Flug, bei dem sie auch ihre Nahrung erbeuten, unterbrechen Gleitstrecken die Phasen schneller Flügelschläge.

All ihre Nahrung gewinnen sie im Flug. Sie ernähren sich vom sogenannten Luftplankton, das sind von den Wirbeln der Luftbewegungen hochgetriebene Klein- und Kleinstinsekten, die mitunter, beispielsweise wenn Blattläuse schwärmen, zu Myriaden fliegen. Wiederum kennzeichnet diese Kleininsekten, daß sie im Gegensatz zu den größeren oder großen so gut wie keine Schutz- und Abwehrstoffe in ihrem Körper tragen, welche die Verwertbarkeit für Vögel einschränken oder regelrechte Giftigkeit verursachen würden. Den Seglern wäre die Verfügbarkeit von Insekteneiweiß aber nicht genug, wenn sie davon auch ihren energetisch aufwendigen Flug bestreiten müßten. Sie brauchen ebenfalls Brennstoff für den Flug: Der Fettgehalt der Insekten liefert diesen, so daß bei reichem Angebot keine zusätzliche Energiequelle in Form von Nektar vonnöten ist.

Dies gilt generell für Vögel. Bei reichlich Insektennahrung erhalten sie auch reichlich Brennstoff für ihren insgesamt aufwendigen Flug, der 10mal energieintensiver als die Fortbewegung am Boden ist. Der Kern der Überlegungen tritt nun deutlicher hervor: Der Flug ist sehr aufwendig; er kann nur etwas bringen, wenn das, was er einbringt, mehr liefert als das, was er kostet. Wenn sich Mauersegler oder in Südeuropa die noch größeren Alpensegler (Apus melba) über den Städten und um Berggipfel sammeln, dann deshalb, weil dort die aufsteigenden Luftmassen das Luftplankton konzentrieren.

Es steckt noch mehr in diesem Zusammenhang. Der Rückgriff auf den Weißstorch wird dies zeigen. Dieser große Segelflieger könnte seine mehr als 10 000 Kilometer lange Flugstrecke ins südafrikanische Winterquartier beträchtlich abkürzen, würde er die Direktroute wählen. Er könnte den Monate dauernden Zug auch ganz stark einschränken, würde er unabhängig von der nur mehr oder weniger kurzzeitig anhaltenden Thermik fliegen – wie die Kraniche unter Umständen Tag und Nacht. Für die gut 2500 Kilometer bis Südspanien brauchen sie bei einer Durchschnittsgeschwindigkeit von 50 km/h, grob überschlagsmäßig gerechnet, zwei volle Tage. Die Weißstörche sind dagegen drei bis vier Monate unterwegs, bis sie am Ziel ankommen. Ein Nonstop-Flug würde sie höchstwahrscheinlich geringeren Gefahren aussetzen als ein häufiges Zwischenlanden und langes Zuwarten, bis wieder passendes Zugwetter herrscht.

Sie können nicht anders, selbst wenn sie dies wollten. Ihre Nahrung enthält viel zu wenig Fett oder Kohlenhydrate. Erst in Afrika bessert sich die Lage für sie, wenn sie die fettreichen großen Heuschrecken fangen können, von denen sie sich im Winterquartier vornehmlich ernähren. Ganz anders die Kraniche. Auf den nordeuropäischen Feldern haben sie sich noch von Kartoffeln ernährt, nun nutzen sie im südwestspanischen Winterquartier Eicheln, die seit Jahrhunderten auch der Schweinemast dienen und die Tiere fett werden lassen. Auch Mais oder andere stärkereiche Samen liefern den Kranichen die Kohlenhydrate für den anhaltenden Ruderflug, mit dem sie unabhängig von der Witterung und Tag und Nacht ihren Fernflug bestreiten.

Die Flügelform allein macht also die Art des Fliegens nicht aus. Sie ist die langfristige Folge der Einstellung der Art oder ihrer Anpassungslinie auf bestimmte Lebensweisen und Nahrungsformen. Einmal ausgebildet, erlaubt sie in Grenzen eine Wechselwirkung beziehungsweise ein Ausschöpfen der Möglichkeiten. So sind die Adler der afrikanischen und asiatischen Steppen, insbesondere der Raubadler (Aquila rapax), vorwiegend oder ausschließlich damit beschäftigt, im Luftraum zu kreisen und nach Aas zu suchen. Der

Anteil der selbsterjagten Beute bleibt gering. In den afrikanischen Steppen und Savannen benehmen sich die Raubadler kaum anders als die Geier, während die äußerlich recht ähnlichen, in Flügelform und Flächenbelastung durchaus vergleichbaren Steinadler recht aktiv jagen. In den Alpen bilden fettreiche Murmeltiere (Marmota marmota) die Hauptbeute des Steinadlers (Aquila chrysaetos), aber sie brüten nur dann, wenn es im Winter reichlich Fallwild gegeben hat und die Steinadlerweibchen dadurch eine gute Kondition aufbauen konnten.

Gerade die großen und kräftigen Flieger müssen mit ihrer zum Flug aufzuwendenden Energie besonders haushälterisch umgehen. Die kleinen, insektenfangenden Singvögel stellen sich da viel besser. Sie, nicht die großen Adler, überqueren in anhaltendem Kraftflug die Alpen, das Mittelmeer und die Sahara in weit über 1000 Meter Flughöhe. Die paar Gramm Fett als Brennstoff für die Riesenstrecke reichen ihnen offenbar eher aus als der Vorrat an Wasser, den sie mitnehmen können. Sie fliegen deshalb in großen Höhen, weil es dort kalt genug ist. Die bei der Muskeltätigkeit freigesetzte Wärme wird im temperaturgünstigen Bereich von nur wenigen Grad Celsius über Null so wirkungsvoll abgeführt, daß die kleinen Hochleistungsflieger nicht kühlen müssen und so kaum Wasser verlieren. Würden sie in den wärmeren, bodennahen Luftschichten fliegen, müßten sie alle paar Hundert Kilometer zum Trinken niedergehen.

Drosseln und andere Arten, die sich zur Zugzeit vorwiegend von Beeren und Früchten ernähren, kommen nicht so weit, weil der Umbau des Zuckers zu Fett doch einige Zeit in Anspruch nimmt und Energieverluste verursacht. Sie finden auch im Mittelmeerraum schon beerenreiche Gehölze, insbesondere in der Macchie. So nehmen die Energieumsetzungen beim Flug auch massiv Einfluß auf das Zugverhalten. Aber all das sind Folgen einer Entwicklung, die vor rund 140 Millionen Jahren begann und in deren Verlauf aus Echsen Vögel geworden sind.

Am Anfang stand nicht Archaeopteryx, der »Urvogel«. Dieses Zwischenstück auf dem Entwicklungsweg der Vögel hatte das entscheidende Merkmal bereits vollständig ausgebildet: die zum Fliegen tauglichen Federn. Die Abzweigung der Entwicklungslinie von der Echse zum Vogel muß bedeutend früher angesetzt werden. Archaeopteryx war, so sehr er sich auch in verschiedenen Eigenschaften von den heutigen Vögeln unterscheidet, ein echter Vogel. Die Zähne, die seine Kiefer noch tragen, die schwache Ausprägung des für die späteren Vögel so typischen Kleinhirns, das Fehlen eines Brustbeinkammes, an dem die große Flugmuskulatur ansetzt, und insbesondere auch der noch reptilartig lange, gleichfalls gefiederte Schwanz beweisen, daß der Übergang zu den Vögeln nicht glatt und allmählich verlief, sondern mehr schubweise und in Teilbereichen des Körpers. Ohne jeden Zweifel hatte Archaeopteryx aber Federn; sogar solche, die durch schmalere Vorderkanten und breitete Hinterkanten ganz klar beweisen, daß sie auch zum Fliegen benutzt worden sind.

Archaeopteryx, so wichtig die wenigen Fossilfunde für die Evolutionsbiologie sind, weil sie einen Übergang zwischen zwei Wirbeltierklassen beweisen, hilft bei der Suche nach dem Ursprung der Feder nicht weiter. Wohl aber verhilft er zu einer Vorstellung, wie es zum Fliegen gekommen sein konnte. Stellen wir die erste, die grundlegendere Frage zurück und behandeln wir vorerst die zweite, die speziellere. Zwei wissenschaftliche Lager stehen sich dabei gegenüber, nämlich jene Evolutionsbiologen, die den Ursprung des Fliegens der Vögel in die Bäume verlegen, und jene anderen, die davon ausgehen, daß es aus dem Laufen am Boden heraus entstand.

Weggleiten oder abheben, das ist die Frage.

Für die erste Theorie gibt es eine Reihe von Vergleichsmöglichkeiten bei heute lebenden Tieren. Sie wird als »Baumtheorie« oder »arboreale Theorie« des Fliegens bezeichnet. Flughörnchen (Gleithörnchen), Beutelflughörnchen, Riesengleiter, ja sogar Flugfrösche und »fliegende« Baumschlangen werden als Kronzeugen für diese Entwicklungsmöglichkeit herangezogen, die auch für die Fledermäuse – sie sind eine gesonderte Behandlung wert – gelten soll. Durch Spannhäute zwischen den Beinen und dem Körper, im Fall der Flugfrösche durch sehr lange Zehen, zwischen denen Schwimmhäute ausgespannt sind, und durch sich ausbreitende und abflachende Körperseiten bei den fliegenden Schlangen, weil diese ihre Rippen seitlich stark abspreizen, werden bremsende Flächen ausgestreckt, die den Fall abfangen und ein mehr oder minder weittragendes, sanftes Gleiten ermöglichen.

So etwa sollen die Urformen angefangen haben, die aus einer Stammeslinie der Kriechtiere, die Dinosauriern und Krokodilen nahestand, hervorgegangen sind. Sie kletterten auf den Bäumen herum, entwickelten verlängerte Schuppen, welche fallschirmartig wirksam wurden, wenn die Vogelvorläufer von den Bäumen fielen, weil sie hinter Insekten oder kleinen Kriechtieren herjagten. Allmählich wurden die Schuppen, vornehmlich an den Vorderbeinen und am Schwanz, immer größer und flacher, sie fransten auf und wurden auf diese Weise zu Federn. Groß genug geworden, taugten sie nach und nach auch für den aktiven Flug. So ging das anfängliche Gleiten in den echten Flug über.

Muten wir den Verfechtern dieser Theorie lieber nicht zu auszurechnen, wieviele Vogelvorläufer (sie wurden tatsächlich »Proavis« genannt, was Vor-Vogel bedeutet, obwohl nicht ein Stückchen eines konkreten Fundes dazu vorliegt) von den Bäumen gefallen sein müssen und dabei umgekommen sind, bis sich ein entsprechend starker und anhaltender Selektionsdruck in Richtung Federbildung entwickelt haben könnte. Wenn Nachteile, noch dazu todbringende, den Fortgang der Entwicklung antreiben sollen, fällt ihre Begründung besonders schwer. Sie müßten schon sehr gewichtig sein. Bei Vorteilen hat man es leichter.

Wo könnten aber Vorteile stecken, über das hinauszugehen, was Gleithörnchen und Flugfrösche vorführen, bei denen es ja auch nur darum geht, den Aufprall abzufangen oder von einem Baum zum anderen zu kommen. Die Frösche sind zudem stammesgeschichtlich viel älter als die Vögel. Ein Reptil, das auf Bäume klettert und dort *nicht* genügend Futter findet, sollte aufs beschwerliche Klettern doch eher verzichtet haben. Auf die ferne Zukunft, in der es in der Lage hätte sein können, abzuheben und wegzufliegen, hat wohl kaum jemals ein Lebewesen gehofft. (Menschliches Hoffen kann in diesem Fall getrost außer acht gelassen werden.)

Es sprechen auch ein paar andere, direkt sichtbare Einwände gegen die Baumtheorie; direkt sichtbar bei Archaeopteryx: Seine Beine sind die Beine eines Vogels, auch wenn sie anatomisch noch nicht ganz die »Endfassung« aufweisen. Sie würden sich überhaupt nicht zum Klettern auf Bäume eignen. Dazu müßten die Gelenke am Körper weit seitlich ansetzen und das zum Vogel sich weiterentwickelnde Reptil flach aufliegen können. Andernfalls fällt es einfach herunter. Baumläufer, Spechte und ein paar andere Vögel, die an Baumstämmen klettern, sind kein Gegenbeweis, denn erstens können sie längst fliegen, und zweitens benutzen sie einen Stützschwanz, dessen Spitzen entsprechend versteift und abgenutzt sind.

Bei Archaeopteryx läßt sich keine massive Abnutzung der Schwanzfedern erkennen, und sie sind auch nicht wie ein Stützschwanz ausgebildet. Zum Steuern im Flug mögen sie ganz brauchbar gewesen sein, nicht aber zum Abstützen beim Klettern. Der ganze innere Bau von Archaeopteryx entspricht viel besser dem eines Vogels, der auf seinen Beinen steht und mit ihnen hüpft oder läuft, als einem Kletterer. Man könnte ihn für eine Krähe halten, hätte er nicht Zähne im Schnabel.

Da sind aber noch die Krallen an den beiden abstehenden Fingern im Flügel. Sie waren und sind für die Anhänger der Baumtheorie das gewichtigste Indiz. Ein in Bäumen am Ufer tropisch-amerikanischer Flüsse herumkletternder, recht merkwürdiger Vogel, der Hoatzin (Opisthocomus hoatzin), trägt solche Krallen an den Flügeln. Was dem Hoazin hilft, sollte auch für Archaeopteryx brauchbar gewesen sein, so das Argument. Hoatzine sind schlechte Flieger, wie wahrscheinlich auch Archaeopteryx, weil diesem fernen Verwandten aus der Jurazeit eben auch der für gut flugfähige Vögel kennzeichnende Kamm auf dem Brustbein fehlt.

Nun gehören aber Krallen an die Zehen von Kriechtieren. Ihr Vorhandensein braucht nicht mehr auszusagen, als daß es sich um ein aus der Reptilienherkunft mitgebrachtes Merkmal handelt, das noch in gewissem Umfang gute Dienste geleistet hat und beim Hoatzin immer noch leistet. Es gibt auch Sporne am Bug der Flügel mancher Vögel, die so unterschiedlich sind wie Kiebitze und Sumpftruthähne (Chauna torquata). Archaeopteryx ist eine Mosaikform, wie es die Evolutionsbiologen ausdrücken, weil unterschiedliche Merkmale verschiedener Gruppen, wie im Mosaik zusammengesetzt, vorhanden sind. Die Fingerkrallen müssen nicht mehr bedeuten als die Zähne im Kiefer. Vor allem stehen sie der anderen Sicht nicht entgegen, die den Ursprung der Vögel auf den Boden verlegt.

Diese sogenannte »cursoriale Theorie« (von cursor = Läufer) hat zwar auch ihre Schwachstellen, aber sie fügt das Bild besser zusammen. Für diese Anschauung gibt es, zumindest modellhaft, wenigstens Fossilien. Es existieren mehrere kleine Vertreter aus der Echsengruppe, die, gäbe es die Abdrücke der Federn nicht, kaum von Archaeopteryx zu unterscheiden wären, darunter auch solche, die noch nicht so weit in der Entwicklung vorangekommen sind. Es handelt sich bei diesen Formen um kleine, offenbar flinke Echsen, die zweibeinig liefen und stark verkümmerte Vorderbeine, aber einen langen Schwanz aufweisen. Sogar lebende Reptilienformen sind vorhanden, die sich auf diese Weise fortbewegen, darunter höchst merkwürdige Arten, die sogar ein Stück über das Wasser laufen können, so schnell flitzen sie, bei aufgerichtetem Körper und ausbalanziert durch den langen Schwanz, dahin.

Diese Vorläufer sind fast wörtlich zu nehmen, weil sie ganz offensichtlich Läufertypen gewesen sind. Sie brauchten »nur« noch die Federn zu entwickeln, und die Voraussetzungen zum Abheben wären erfüllt gewesen. Keiner von ihnen hätte durch tödliche Abstürze als Art überleben oder die Beinstellung korrigieren müssen. Der lange Schwanz war nicht nur brauchbar, sondern notwendig, und Veränderungen an den Vordergliedmaßen hätten dem funktionstüchtigen Läufer keinerlei Beeinträchtigung bringen können. Die Sache mit den Zähnen ist für diese Theorie kein ernstes Problem, denn diese kleinen, aber schweren Gebilde hätten erst viel später vielleicht zum Gewichtsproblem werden können, erst dann, wenn es für den aktiven Flug so weit war. Sogar zum Herumklettern in etwas weniger glattem Gelände wären die Krallen an den verkürzten Vorderbeinen einsetzbar gewesen; es müssen nicht Bäume gewesen sein.

Wahrscheinlich trifft diese cursoriale Theorie zu, aber sie hat noch eine ganz entscheidende Schwäche, die von den Anhängern der arborealen Theorie auch immer wieder vorgebracht wird: Sie kann mit den Anfangsstadien der Federentwicklung nichts anfangen. Bei den von den Bäumen fallenden Reptilien könnten die ersten, noch ganz unzureichenden Federbildungen, unzureichend für das Fliegen, die Fallgeschwindigkeit abgebremst und dadurch einen Vorteil gebracht haben. Bei einem Ursprung aus dem Laufen heraus hätten sie nachteilig sein müssen: Sie bremsen eher, als daß sie förderlich gewesen sein können. Wenn es um das Fliegen geht, sind die Vorstufen dazu entscheidend. Dabei geht es um die Entwicklung der Feder. Welche Umstände könnten im Fall der Vogelevolution in den Bäumen die Bildung von Federn gefördert haben und welche bei bodengebundener Entwicklung aus dem Laufen heraus?

Federn bestehen aus Keratin, einem Eiweißprodukt, aus dem auch unsere Haut, die Finger- und Zehennägel, die Haare, die Schuppen und die Panzer der Kriechtiere gebildet werden. Die weite Verbreitung dieses von der Haut gebildeten, im Endprodukt nicht mehr lebenden Stoffes verschleiert die Zusammenhänge. Federn sind viel komplizierter in der Herstellung als einfache Schuppen aus Horn, und die mächtigen Panzer der Schildkröten bilden sich sehr langsam, da diese Tiere recht alt werden. Große Schildkröten haben vielleicht schon über 100 Jahre auf dem Panzer. Federn dagegen werden schnell entwickelt. Sogar ein besonderes System von Blutgefäßen befindet sich während der Federbildung im unteren Teil der Federspule. Sie führen die Grundstoffe für den Federaufbau zu und die bei der Keratinbildung entstehenden Abfallstoffe wieder ab. Deshalb lassen sie sich auch nicht unmittelbar mit den vielen kleinen Haarzellen vergleichen, aus denen die langen dünnen Schäfte der Haare hervorgehen.

Federn werden auf besonderen Partien des Körpers, den Federfluren, entwickelt; sie sind nicht einfach über den ganzen Körper verteilt. Zwischen den Fluren liegen federarme bis federfreie Raine. Außerdem sind drei Grundformen von Federn zu unterscheiden: die kleinen, ohne zusammenhängende Fahne entwickelten Dunenfedern, die Konturfedern, die den Körper weitgehend zudecken, und die weniger als 100 großen Federn des Fluggefieders, das sich aus den Hand- und den Armschwingen am Flügel und aus den großen Schwanzfedern zusammensetzt.

Die drei Federtypen kommen in recht ungleichen Häufigkeiten vor, die etwa durch Zehnerpotenzen getrennt sind. Der geringste Anteil, aber die normalerweise am größten ausgebildeten Federn gehören zum Flugapparat, die weitaus größte Zahl im Gefieder fällt der Wärmeisolation zu. Allein schon aus diesem Grund können nicht alle Federn unmittelbar in Zusammenhang mit dem Fliegen entstanden sein. Aber lassen wir die funktionalen Gesichtspunkte noch beiseite.

Der Hinweis auf das Eiweiß, aus dem die Federn gebildet werden, ist Grund genug, den Ursprung von dieser Seite weiterzuverfolgen. Daß sich der Vogel die hohe Ausgabe an Eiweiß leisten kann, wenn das Gefieder ausgebildet wird, setzt eine entsprechend eiweißreiche Nahrung voraus. Andernfalls würde die Federbildung auf Kosten der Körpersubstanz gehen. Kleine, schnell laufende Echsen des Erdmittelalters können sich eigentlich von kaum etwas anderem als von Insekten ernährt haben.

Nicht nur die heutigen Echsen vergleichbarer Körpergröße machen das so, sondern alle anderen Formen der Grundernährung würden den Körperbau eines schnellen, kleingebliebenen Läufers gänzlich unverständlich machen. Blüten und Früchte sind verhältnismäßig eiweißarme pflanzliche Kost, aber sie laufen nicht davon. Zum Erjagen von anderen Echsen oder gar den damals vielleicht schon vorhandenen, mausähnlichen Säugetieren hätte es größerer Echsenkörper bedurft. Die frühen Säugetiere waren wohl auch vorwiegend nachtaktiv. Fische als Eiweißquelle können auch nicht an der frühen Evolution der Vögel beteiligt gewesen sein, denn dann wäre diese im Wasser verlaufen. (Pinguine sind kein evolutionäres Zwischenstadium, sondern eine ins Meer vorgedrungene Stammeslinie ehemals flugfähiger Vögel.) So bleiben eben nur die Insekten als Nahrung, und dafür spricht auch der Bau des Gebisses. Insekten enthalten Eiweiß und Fett. Letzteres eignet sich, wie schon mehrfach betont, als Brennstoff für schnelle Bewegungen, ersteres für die Bildung von Federn.

Entscheidend ist bei dieser Betrachtungsweise, daß Eiweiß gar nicht einmal Mangelware sein muß, die es im Körper für den Aufbau von Federn so geschickt einzuteilen gilt, daß andere Funktionen nicht zu kurz kommen, beispielsweise die Bildung von Eiern für die Fortpflanzung. Vögel produzieren beides: (sehr) große Eier und sehr eiweißaufwendige Federn. Wenn Eiweiß aus der Nahrung im Überschuß vorhanden war, kann man auf die Idee des Selektionsdrucks durch kleine, sich immer weiter vergrößernde Vorteile verzichten, die aus der Vergrößerung der Schuppen hervorgegangen wären.

Als Nebenprodukt des Stoffwechsels, der viel Fett für den schnellen Lauf braucht, muß das Reptil, das noch nicht zum Vogel geworden ist, das Überangebot aus dem Körper schaffen. Dabei ging es nach Reptilienart vor und deponierte zunehmend größere Teile davon in den auswachsenden Schuppen, die von Zeit zu Zeit ausfielen, erneuert wurden, und so ganz nebenbei dafür sorgten, daß der Wärmehaushalt verbessert wurde. Denn die sich vergrößernden Schuppen hielten vor allem die Nässe ab, die dem Körper viel schneller Wärme entzieht als die kalte Luft. Das überschüssige Eiweiß, so umgebaut, daß es zu Keratin geworden ist, belastet nun nicht die Nieren, die bei den Vögeln wie bei vielen Kriechtieren nicht leicht wasserlöslichen Harnstoff als Endprodukt des Eiweißstoffwechsels abgeben, sondern schwer lösliche Harnsäure.

Mit der Mauser des Gefieders und mit der Abstoßung der Schuppen entledigen sich Vögel und Reptilien dieses Eiweißüberschusses. Bei den Schildkröten wächst sich dieser Überschuß zum Panzer aus. Beim geringen natürlichen Eiweißgehalt der Nahrung von Landschildkröten genügt das; bei dem hohen Eiweißgehalt aus der Insektennahrung könnte man sich eine derartige Lösung nicht vorstellen. Die Tiere würden schnell zu schwer und könnten den beweglichen Insekten nicht mehr nachstellen.

Um den entscheidenden Punkt nochmals festzuhalten: Nicht allein der hohe Eiweißgehalt der Insekten ist ausschlaggebend, sondern auch das Fett, das sie liefern, weil es in Bewegungsenergie umgesetzt werden kann. Es ist aus diesem Grund überhaupt nicht notwendig, für die ersten Stadien der Schuppenvergrößerung, die zur flugtauglichen Feder erst in einem viel späteren Zustand führen konnte, einen Vorteil in Richtung Flugfähigkeit anzunehmen.

Und das ist auch der für meinen Versuch einer Rekonstruktion der Evolution des Vogelfluges entscheidende Gesichtspunkt gegen die arboreale Theorie. Das reiche Angebot an Insekten und Insektenlarven konnten erst die Singvögel richtig ausnutzen. Sie sind der jüngste Sproß im Stammbaum der Vögel. Die ersten Anfänge der Entwicklung können für Kletterer nicht annähernd so viel an Insekten eingebracht haben wie der aktive Fang am Boden. Nur mit dem Laufen als Grundlage der Entwicklung des Vogelfluges läßt sich der Fettgehalt und damit der Gesichtspunkt der Energie verbinden, der später für den Flug mit Muskelkraft des »fertigen« Vogels ausschlaggebend ist. Denn das Fliegen kostet, es sei wiederholt, rund 10 mal so viel Energie wie das Laufen am Boden.

Hoher energetischer Aufwand und nur geringfügige Konstruktionsverbesserungen passen keinesfalls zusammen. Beim Ursprung in den Bäumen hätte sich aber eine solche wenig effiziente Situation ergeben. Schließlich kennt jeder den Anlauf, den viele Vögel auch heute noch nehmen, bevor sie abheben. Sie brauchen eine ausreichende Startgeschwindigkeit.

Laufen und Fliegen verzahnen sich demnach ganz eng, wenn wir in der Entstehungsgeschichte der Vögel bis an den frühen Ursprung zurückblenden. Auf die Startgeschwindigkeit kommt es um so mehr an, je weniger gut der Flugapparat entwickelt oder je schwerer der Vogel ist. Hühnervögel, deren Junge gerade angefangen haben, das Großgefieder auszubilden, nehmen Anlauf, schwirren kurz mit ihren Flügelchen und heben ab. Ohne Anlauf ginge das nicht. Albatrosse brauchen den Wind zum Start, Geier und Adler lassen sich, wo immer das geht, von höherer Warte fallen und nutzen damit die Erdanziehungskraft für die Startgeschwindigkeit – wie auch der Drachenflieger, der am Berghang startet oder mit heftigem Lauf an flacher Kuppe versucht, die Startgeschwindigkeit zu erreichen. Bei Motorflugzeugen leisten die Motoren den Schub. Ohne diesen energetischen Anstoß geht das Fliegen nicht, wenn wir von den kleinen Insekten absehen, bei denen das Fliegen mehr einem Schwimmen in der Luft gleicht als dem Flug der Vögel. Darauf komme ich zurück.

Ein ungleich gewichtigerer Gesichtspunkt liegt näher und verdient Beachtung: der Flug der Fledermäuse und Flughunde. Wenn es diese Fledertiere geschafft haben, auf dem direkten Weg über sich verbreiternde Flughäute aus dem Gleiten zum echten Flug zu kommen, kann diese Möglichkeit, und damit doch ein Ursprung in den Bäumen, nicht von vornherein ausgeschlossen werden, wie ich das in der bisherigen Argumentation zu vermitteln versuchte. Die einfache »Lösung« will ich nicht wählen, weil sie einer Ausrede gleichkäme: Es gibt eben zwei unterschiedliche Formen der Entwicklung oder sogar mehr; was für die Fledermäuse zutrifft, muß nicht für die Vögel gelten und umgekehrt.

Manche Mäuse laufen zwar recht schnell und richten sich dabei auf die Hinterbeine auf, weil ihre Vorderbeine klein und für das Rennen ungeeignet sind, aber außer dem Namen Maus haben sie mit der Fledermaus nicht mehr zu tun, als daß sie beide echte Säugetiere sind. Für Fledermäuse kommt ein Start am Boden nahezu nicht in Frage, von wenigen Ausnahmen abgesehen, gelingt er ihnen nicht. Ganz anders als Vögel hängen sie in Ruhestellung mit dem Kopf nach unten an den Hinterbeinen und wickeln sich die Flughaut um den Körper. Aus dieser Stellung brauchen sie sich nur fallenzulassen, die Flügel auszubreiten, und schon haben sie genug Luft unter den Flügeln, um fliegen zu können. Flughörnchen bewegen sich sehr geschickt kopfunter an den Stämmen, und es ist ohne weiteres vorstellbar, daß sie ein Anfangsstadium des Weges zeigen, den die Fledermäuse bei der Entwicklung der Flugfähigkeit genommen haben. Vergrößerte Flughaut, verbesserte Gleitstrecken und vergrößerte Reichweiten: Fehlt nur noch der Übergang zum aktiven Flug durch Auf- und Abwärtsbewegungen der Vorderbeine. Sogar der Schwanz ist einbezogen, und die von ihm zu den Hinterbeinen führenden Spannhäute vergrößern die Tragfläche beträchtlich. Einem direkten Entwicklungsweg scheint nichts im Weg zu stehen.

Ein paar Kleinigkeiten passen jedoch nicht ganz so gut zusammen. Die Flughaut, besser Gleithaut, der Flughörnchen und der anderen Kleinsäuger, die das Gleiten von Baum zu Baum als Fortbewegungsweise nutzen, ist wie der Körper behaart, bei den Fledermäusen aber nackt. Außerdem verfolgen die Flughörnchen mit ihren Sprüngen keine Beute. Sie benutzen sie zum Ortswechsel, nicht zum Beutefangen. Ist dieser Unterschied so wichtig?

Durchaus, denn Fledermäuse haben einen sehr hohen Grundumsatz an Energie, vergleichbar dem kleiner Vögel, und die kleinsten Arten übertreffen darin sogar Kleinvögel. Allerdings mit der großen Einschränkung, daß die Fledermäuse, wenn sie ruhen, ihren Umsatz drastisch absenken und außertropische Arten einen langanhaltenden Winterschlaf machen, bei dem die Temperatur ihrer Körper auf nur wenig über den Gefrierpunkt absinkt. Nur auf diese Weise können sie sich offenbar den hohen Energieumsatz leisten, der für den Flug nötig ist. Als Säugetiere haben sie Lungen, die sackförmig ausgebildet sind, und nicht jenes blasebalgähnliche Gebilde, mit dessen Hilfe die Vögel ihren Gasaustausch fast 5mal so wirkungsvoll wie Säugetiere gestalten. Fledermäuse können daher nicht wie Vögel über ein inneres System von Luftsäcken und Lungenpfeifen überschüssige Wärme, die beim Flug entsteht, nach außen abführen. Sie tun das über die durchblutete Flughaut. Wahrscheinlich bewirkt sie auch den raschen Übergang in die Kältestarre bei Beginn des Winterschlafes und die schnelle Senkung der Körpertemperatur, wenn während der Tagesrast der Stoffwechsel stark gedrosselt wird.

Fledermäuse ernähren sich vornehmlich, zumal da, wo sie einen Winterschlaf halten müssen, von Insekten. Die nahe verwandten Flughunde, die aber auch eine besondere Linie der Primaten sein können, benutzen stark zuckerhaltige Früchte als Energielieferanten. In den Tropen ernähren sich zahlreiche echte Fledermäuse von Nektar. In jedem Fall nehmen die Fledertiere sehr energiereiche Nahrung zu sich, bei welcher schnell die Gefahr der Überhitzung des Stoffwechsels eintreten könnte. Ohne wirkungsvolles Kühlsystem gerieten sie in eine prekäre Lage. Aus diesen Gründen könnte die Entwicklung der Flughaut ursprünglich mit der Regulierung des

Stoffwechsels unter dem Einfluß zu hohen Energiegehaltes der Nahrung zu tun gehabt haben; eine Verbindung, die bis heute fortbesteht.

Auch wir Menschen haben beim Übergang zum aufrechten Gang ein eigenes und effizientes System zur Kühlung des Körpers entwickelt und hierfür unter anderem das Haarkleid reduziert, das als Primatenerbe ursprünglich noch vorhanden war.

Ein viel kleinerer Körper kann sich eine generelle Nacktheit wegen des zu schnellen Abflusses der Wärme nicht leisten. Die Flughaut als Kühlsystem, die einfach weniger stark durchblutet wird, wenn es gilt, Wärme zu halten, ist eine viel zu elegante Lösung, als daß sie nur wegen der Flugfähigkeit nebenbei entstanden sein könnte.

Zugegeben, das sind Überlegungen. Es fehlt für Fledermäuse ein entsprechendes Fossil wie Archaeopteryx. Aber die Notwendigkeiten des Stoffwechselgeschehens sind für warmblütige Tiere so allgemeingültig, daß sie bei der Entwicklung von Theorien über den Ursprung des Flugvermögens keinesfalls außer acht gelassen werden dürfen. So sind zumindest gut begründbare Zweifel angebracht, was die direkte Entwicklung des Flugvermögens bei den Fledermäusen betrifft. Die sparsamere und überzeugendere Erklärung ließe sich auch bei ihnen über den Funktionswandel eines Hautgebildes finden. Ist es denkbar, daß sich die Flughaut in anderem Zusammenhang entwickelte und erst, nachdem sie weitgehend »fertig« vorhanden war, zum Fliegen benutzt wurde? Wenn ja, in welchem Zusammenhang?

Aufschluß hierzu vermittelt die Nahrung. Blüten und Nektar sind eine reichliche und sichere, häufig nach unten gerichtete Quelle hochwertiger Nahrung, die auch Insekten in großer Zahl anlocken. An ihnen kann sich ein wichtiger erster Teil der Evolution der Fledermäuse vollzogen haben – und viele Arten leben heute noch davon. Der Gleitflug muß hierfür keine Vorbedingung und auch kein Zwischenstadium sein. Die Flughaut als Kühlsystem bietet eine bessere Erklärung als der direkte Weg von der »Maus« zur »Fledermaus«.

Aus den Fliegenden Fischen, die Fluggleiter sind, werden im Lauf der langen Zeiten der Evolution keine wirklich fliegenden Fische, obwohl ihr Schwanz ein bemerkenswert effizienter Propellerantrieb ist und sie große Brustflossen wie richtige Flügel abspreizen können. Sie bilden die letzte in der zum Fliegen oder Gleiten befähigten, sehr unterschiedlich zusammengesetzten Gruppe von Wirbeltieren. Nur Vögel und Fledertiere können richtig fliegen, die anderen gleiten. Einen Anlauf, könnte man sagen, haben alle gemacht: die Fische, die Reptilien – die mit den ausgestorbenen Flugechsen (Pterosaurier) und mit den Vögeln gleich zwei aktiv fliegende Stammeslinien hervorbrachten – und die Säugetiere.

Einen ganz anderen Ursprung hat das Flugvermögen der Insekten. Ihre größten Formen lebten im Erdaltertum, als es noch keine Echsen oder Vögel und Säugetiere gegeben hat. Durch die Wälder der Steinkohlezeit flogen Libellen mit bis zu 70 Zentimetern Flügelspannweite. Heute sind es vor allem kleine und mittelgroße Insekten, die fliegen, und nur wenige, darunter einige Gruppen größerer Schmetterlinge, fliegen den Vögeln vergleichbar.

Wenn im Sommer ein Taubenschwänzchen (Macroglossum stellatarum) wie ein kleiner Kolibri vor Blüten im Garten schwirrt, dann sieht es nicht nur wie ein schwirrfliegender Vogelzwerg aus, sondern es fliegt auch so ähnlich. Die größeren, kräftigeren Verwandten aus der Familie der Schwärmer fliegen zumeist nachts und fallen deshalb als Flieger kaum auf. Wie die Kolibris benutzen sie Nektar zur Energieversorgung für diesen sehr aufwendigen Flug.

Doch selbst bei einer Fliege, die durchs Zimmer fliegt, kostet der Flug enorm viel Energie: rund das 100fache ihres Grundumsatzes. Und das, obwohl es nicht die Muskeln sind, die so unerhört schnell zucken, daß Flügelschlagfrequenzen bis über 1000 Schläge pro Sekunde bei Schwebfliegen und Zuckmücken zustandekommen, sondern schwingungsfähige Systeme im Körper der Insekten, die von den Muskeln in solche Schwingungen versetzt werden. Die Stubenfliege bringt es damit immerhin bis auf 330 Schläge pro Sekunde. Kein Wunder, daß man ihre Flügel nicht sieht, wenn sie fliegt. Tagfalter schlagen weitaus langsamer, zwischen 5- und etwa 20mal pro Sekunde. Deshalb wirkt ihr Flug gaukelnd und unsicher. Das liegt aber auch an ihren großflächigen, rundlichen Flügeln, denn die Wanderheuschrecke schlägt auch nur etwa 20mal pro Sekunde und saust damit doch ganz schön geradlinig und schnell dahin. Eine Amsel dagegen schlägt nur 5- bis 6mal, eine Taube 8mal und ein Wanderfalke im normalen Streckenflug bloß 4- bis 5mal pro Sekunde. Daß diese Vögel ungleich höhere Fluggeschwindigkeiten als die Insekten erzielen, hängt also nahezu nicht von der Frequenz des Flügelschlages ab.

Die Kräfte, die bei den Insekten umgesetzt werden, liegen um mehrere Größenordnungen niedriger. Ihr Flug gleicht, weil für diese Leichtgewichte die Luft viel zäher als für Vögel und Fledermäuse ist, mehr einem Schwimmen als echtem Flug. So erreicht die Stubenfliege nicht einmal 10 km/h, eine schnelle Schwebfliege gerade knappe 50 km/h, und für große Schwärmer wurden bis zu 54 km/h gemessen. Doch diese Schmetterlinge fliegen eben auch schon fast wie kleine Vögel. Fliegende Fische übertreffen mit Spitzengeschwindigkeiten bis zu 75 km/h alle Insekten, obgleich sie nur Gleitflieger sind.

Das Flugvermögen der Insekten sollte damit aber nicht heruntergespielt werden. Was sie damit erreichen, ist enorm. Ohne flugfähige Insekten würde ein Großteil der Insektenbestäubung von Blüten nicht zustandekommen. Wanderfalter ziehen Hunderte, im Extremfall über 4000 Kilometer weit in Winterquartiere. Dabei überwinden sie Gebirgspässe und bleiben auf günstige Außentemperaturen angewiesen. Die eigenerzeugte Wärme reicht in aller Regel nicht aus, um ihre kleinen Körper dauerhaft warm zu halten. Die Muskeln können aber nur richtig arbeiten, wenn sie wenigstens 10 Grad Celsius erreicht haben, besser noch mehr. Wenn ein Admiral (Pyrameis atalanta) oder ein Distelfalter (Pyrameis cardui) irgendwo in Mitteleuropa starten und unbeirrt von Strukturen in der Landschaft, von Seen und Bergen, über einen über 1500 Meter hohen Alpenpaß nach Süden ziehen, um im südlichen Italien oder in Griechenland zu überwintern, dann ist das wohl keine geringere Leistung als bei einem Kleinvogel, der dieselbe Strecke zurücklegt. Ein Rotkehlchen, das diesen Zugweg nimmt, oder eine Grasmücke, wiegen das vielleicht 50fache des Falters.

Wiederum sind Rekorde nur so weit interessant, als daß sich mit ihnen Grenzen abstecken lassen. Wie es zur Entwicklung des Flugvermögens bei den Insekten gekommen ist, darüber verraten sie nichts. Den Ursprung der Flugfähigkeit der Insekten aufzudecken, das ist mit noch mehr Unsicherheiten und Fragezeichen verbunden, als bei den Vögeln und den Fledermäusen. Die Evolution läßt sich nun einmal nicht über Jahrmillionen wie ein Film zurückspulen. Aber allen Irrwegen und Sackgassen der Forschung zum Trotz lohnt der Versuch, weil sich immer wieder neue Bausteine ergeben, die das Bild genauer machen oder korrigieren.

Unter den Insekten gibt es Gruppen, die keine Flügel entwickeln.

Sie werden als flügellose (apterygote) Urinsekten zusammengefaßt und den geflügelten (pterygoten) Insekten zeitlich vorangestellt. Offenbar repräsentieren sie ein einfacheres Entwicklungsstadium, in dem eben noch keine Flugorgane ausgebildet sind.

Ganz anders als bei den Wirbeltieren haben die Flugorgane der Insekten bauplanmäßig nichts mit Beinen zu tun. Sie werden, so sie ausgebildet werden, zusätzlich zu den Beinen entwickelt. Dabei entspricht das vordere Flügelpaar dem zweiten Beinpaar in der Stellung am Bruststück der Insekten und das hintere dem dritten Paar. Geflügelte Insekten tragen entweder zwei Paar Flügel oder eines, wobei dann das zweite Paar nachträglich wieder zurückgebildet oder in ein anderes Organ umgewandelt ist. So haben sich die »Schwingkölbchen« genannten Gebilde hinter dem Flügelpaar der Stubenfliege und ihrer Verwandten aus dem zweiten Flügelpaar gebildet, während die harten und festen Flügeldecken der Käfer das umgebildete erste Flügelpaar sind. Die Flügel können häutig sein wie bei Bienen, Wespen und Ameisen, die deshalb Hautflügler genannt werden, oder fast papierartig durchsichtig, wie bei den Fliegen, mit Haaren besetzt, wie bei den Köcherfliegen, oder von Schuppen bedeckt sein, wie bei den (meisten) Schmetterlingen. Die Vielfalt in Form und Funktion ist groß. Woher kommt sie?

Sicher sind meine Leser nun nicht überrascht, wenn auch für die Flügel der Insekten gilt, daß sie ursprünglich eine ganz andere Funktion hatten und nicht direkt im Zusammenhang mit der Entwicklung des Flugvermögens entstanden sind. Man nimmt vielmehr an, daß es Ausstülpungen der Haut waren, in welche das »Blut« der Insekten, die Hämolymphe, heineingedrückt werden konnte. Sie nahmen – und nehmen immer noch bei Tagfaltern und anderen geflügelten Insekten – Sonnenwärme auf, die dazu benutzt wurde, die Muskulatur zu aktivieren, wenn die Umgebungstemperatur noch zu niedrig lag. Wir kennen die Tagfalter, die sich ganz offensichtlich »sonnen«. Tatsächlich steigt dadurch ihre Körpertemperatur an.

Diese Erklärung deckt sich auch gut mit der Tatsache, daß die Insektenflügel mit einer indirekten Muskulatur in Tätigkeit gesetzt werden, und nicht direkt wie die Beine. Der Umweg über die Thermoregulation schaltet das altbekannte Problem aus, daß die Anfangs- und vielfach auch die Zwischenstadien während der Evolution gar nicht funktionsfähig hätten sein können, wenn nur die spätere Funktion zugrundegelegt wird. Ob die sich bildenden Lappen kleiner oder größer sind, wirkt sich zunächst nur auf die Fähigkeit aus, aus der Sonnenstrahlung Wärme aufzunehmen. Alle Zwischenstadien können dann gleichermaßen als funktionstüchtig angesehen werden, weil sie mit dem erst viel später auftauchenden Flug nichts zu tun haben.

Nicht ohne Grund ergeben sich nun wieder interessante Parallelen zu den Vögeln. Hauptlieferant der Energie für den Insektenflug ist der Blütennektar, und die besten Flieger sind jene Arten oder Gruppen von Insekten, die ihn direkt nutzen oder Vorräte wie Honig dazu benutzen können. Arten, die nicht direkt Zucker aufnehmen, fliegen schlecht und brauchen lange zum Start – wie der Maikäfer, der dann, wenn die Maschinerie seines Flugapparates aufgewärmt ist, geradlinig davonfliegt. Er muß auf Fettvorräte zur Feuerung der Flugmuskulatur zurückgreifen. Insekten, die keine solchen Vorräte in nennenswertem Umfang haben und die nicht an Nektar kommen können, weil ihre Mundwerkzeuge zur Nektaraufnahme nicht geeignet sind, fliegen wenig und sehr schlecht. Musterbeispiel sind die Eintagsfliegen, denen man vom Zuschnitt der Flügel besseres Flugvermögen zutrauen würde. Eine Ausnahme machen die sehr flugkräftigen großen Libellen. Sie befeuern ihre Flugmuskulatur, durchaus den kleinen Singvögeln vergleichbar, mit Fett aus Insekten, die sie im Luftraum erbeuten.

Ein Kuriosum zum Abschluß mit Parallele zu den Vögeln: Es gibt in Mitteleuropa eine Art von Wasserschmetterlingen, für die man nicht einmal einen deutschen Namen hat (wissenschaftlich heißt sie Acentropus niveus), deren flugunfähige Weibchen unter Wasser an Wasserpflanzen leben. Ihre Flügel sind zurückgebildet und wie Ruderplättchen geformt. Damit »fliegen«, also rudern sie unter Wasser. Ungleich bekannter ist das Vogelbeispiel: Pinguine haben gleichfalls ihre Flügel zu Rudern umgebildet, mit denen sie unter Wasser »fliegen« und dabei höchst beachtliche Schwimmgeschwindigkeiten erreichen. Mit 36 km/h sind sie etwa gleich schnell wie die besten Sprinter unter den Menschen, und sie sind 5mal schneller, als ein Mensch zu schwimmen vermag. Welch eine Leistung!

3. Kapitel
Schwimmen

Das Flugvermögen der Vögel, Fledermäuse und Insekten kam auf Umwegen zustande. Die Vorstufen des Laufens an Land entwickelten sich im Wasser. Kam wenigstens die Fähigkeit zu schwimmen auf direktem Weg zustande? Schwimmen ist mit Wasser aufs engste verbunden, und das Leben enstand im Wasser, vielleicht von ganz frühen Vorformen abgesehen. Wo sonst als im Wasser sollte sich denn die Schwimmfähigkeit entwickelt haben? Nicht im Wasser: im Bodenschlamm steckten die Anfangsstadien!

Aus dem Schlamm kamen die ersten Formen hervor, die zu richtigen Schwimmern wurden. Wir alle stammen von ihnen ab, denn es ist unsere eigene Stammeslinie der Wirbeltiere, deren erste Zeugnisse sich auf ein Alter von mehr als 550 Millionen Jahren datieren lassen. Um keine Verwirrung aufkommen zu lassen: Es handelt sich hier nicht um die Vorläufer aller wasserlebenden Organismen, sondern um die eine Stammeslinie, die uns und all die anderen Wirbeltiere hervorgebracht hat. Es handelt sich um den Ursprung der Fische und der von ihnen abgeleiteten Gruppen, nicht um Weichtiere und Quallen, um Krebse oder um eine der anderen Stammeslinien, die im Meer eine große Vielfalt an Arten und Lebensformen entwikkelt haben. Viele von ihnen, aber bei weitem nicht alle, schwimmen auf ihre besondere Weise, doch keine auch nur annähernd so schnell und so gut wie Fische, Seeschildkröten, Meeresvögel und Meeressäugetiere.

Am Anfang dieser Stammeslinie der Wirbeltiere steht ein Lebewesen, das dem heute noch existierenden Lanzettfischchen stark ähnelt und von dem die besterhaltenen Abdrücke in den feinkörnigen Sedimenten der Burgess-Schiefer in Britisch Kolumbien, Kanada, gefunden worden sind. Das Tierchen trägt den Namen Pikaia. Es ist etwas ganz Besonderes.

Damals, vor mehr als einer halben Milliarde Jahre, gab es noch keine Knochen oder andere, massive Hartteile im Inneren der Lebewesen. Die Fortbewegung kam auf zweierlei Weise zustande: Durch Schlagen mit Geißeln oder feinen Wimpern und mit Beinchen einerseits, und durch Veränderung des Innendrucks in langen, röhrenförmig gebauten Organismen andererseits. Auch eine dritte Form der Fortbewegung im Wasser war wahrscheinlich schon ausgebildet, aber noch nicht besonders wirkungsvoll, nämlich das Auspressen von Wasser aus einem Hohlraum, was eine Rückstoßbewegung wie bei einer Rakete verursacht. All diese Bewegungsformen waren nicht sonderlich effizient. Das ist keine Annahme, sondern ein Befund, der sich an den vielen heute noch lebenden Formen nachvollziehen läßt. Denn nahezu alle Stammeslinien der frühen Entwicklungen im Erdaltertum sind noch vorhanden. Deshalb läßt sich der Weg ganz gut zurückverfolgen.

Das Besondere an Pikaia, jenem lanzettfischchenartigen Tierchen, war die Entwicklung einer flachen und tütenförmig ineinandersteckenden Muskulatur, wie wir sie vom lebenden Lanzettfischchen kennen. Wie dieses hatte Pikaia höchstwahrscheinlich auch schon einen elastischen Stab im Körper, Rückensaite oder Chorda genannt. Um diese Rückensaite entwickelte sich später die Wirbelsäule. Sie ist das grundlegendste Merkmal unserer Stammeslinie und die Grundlage für unseren besonderen Fortschritt in der Evolution. Denn anders als bei den wurmartigen Vor-Vorfahren ohne diese innere Stütze hängt mit der Entwicklung der Chorda die Beweglichkeit nicht mehr nur vom inneren Druckausgleich einer hydraulischen Konstruktion ab. Vielmehr gleicht dieser zentrale elastische Stab Muskelzug um Muskelzug durch elastisches Zurückschnellen aus. Ein Wurm in schlängelnder Bewegung verschiebt den Innendruck durch eine Aufeinanderfolge von Muskelbewegungen, vergleichbar einem prall gefüllten Gartenschlauch. Ist das Medium, das ihn umgibt, dicht genug, kommt er, wie am Regenwurm ersichtlich, einigermaßen voran. Nach hinten gerichtete Borsten unterstützen dieses Kriechen. Im Wasser geht das nicht so leicht; es weicht zu stark aus. Nur abgeplattete »Würmer«, wie die großen Egel, schwimmen einigermaßen durch wellenförmige Körperbewegungen. Die ringförmig ausgebildete Muskulatur und das Fehlen einer inneren Festigkeit lassen gar keine andere Form der Fortbewegung zu. Das Wurmschlängeln eignet sich daher noch am verhältnismäßig besten zum Vorankommen in Schlamm und weichem Boden.

Ungleich besser funktioniert die Fortbewegungsweise des Lanzettfischchens und seines Vorläufers aus den Anfängen der Entwicklung komplexerer Lebewesen. Besser in zweifacher Hinsicht: Die von den Muskeln ausgeübte Zugkraft kostet auf jeden Fall weniger als die Hälfte des Energieeinsatzes, den die wurmartige Fortbewegung aufzubringen hat, weil die Gegenkraft vom elastischen Zurückschnellen der Chorda geleistet wird. Daher kann bei gleichem Energieaufwand ein viel größerer Teil in die Fortbewegung umgesetzt werden, oder, andersherum betrachtet, bei gleicher Leistung kommt nur der halbe Aufwand oder weniger zustande. Weiterhin braucht ein Organismus, der sich mit Hilfe von »Tütenmuskulatur« und elastischer Rückensaite fortbewegt, keinen größeren, flüssigkeitsgefüllten Hohlraum mehr. Das bedeutet, daß er bei gleicher Größe kompakter werden kann. Dieser Gesichtspunkt ist deshalb so bedeutsam, weil der Widerstand, der beim Wühlen im Bodenschlamm entsteht, von der Größe der Körperoberfläche abhängt. Ein gleich großer Körper mit dichter gepackter Muskulatur leistet verständlicherweise entsprechend mehr als ein anderer, bei dem vielleicht die Hälfte des Körperinneren von einem flüssigkeitsgefüllten Hohlraum eingenommen wird. Im freien Wasser wäre das nicht so wichtig, weil der Reibungswiderstand weitaus geringer als im viel dichteren Schlamm ist.

Pikaia, unser ganz ferner Ahne, wühlte im Sediment wie zahlreiche andere, ganz anders gebaute Organismen auch, die damals lebten und von denen viele, wenn nicht die meisten, ausgestorben sind. Pikaia überlebte und wurde zum Begründer der aus heutiger Sicht wohl erfolgreichsten Stammeslinie aller Zeiten. Pikaia überlebte nicht, wie der Harvard-Paläontologe Stephen Jay Gould meint, durch eine Verkettung günstiger, aber zufälliger Ereignisse, sondern aufgrund einer unter den damaligen Bedingungen überlegenen Leistungsfähigkeit, die ohne weitere Anpassung sofort auch geeignet für das Leben im freien Wasser war. Denn mit dieser Muskulatur und der Chorda ausgestattet, konnte Pikaia aktiv schwimmen, auch wenn diese Baumerkmale praktisch nichts mit dem Schwimmen zu tun hatten, als sie sich herausbildeten.

Mit Pikaia beginnt die Ära aktiven, kraftvollen Schwimmens im Meer. Wie überlegen es ist, läßt sich an heutigen Formen unmittelbar beobachten. Man braucht nur im Aquarium einem wenige Zentimeter langen Fischchen und einem vergleichbar kleinen, freischwimmenden Krebstier zusehen. Bei einem Salinenkrebschen (Artemia salina) etwa rudern zahlreiche Beinchen wie Miniatur-Galeerensklaven mit sichtbar großem Aufwand, während das gleichlange Kleinfischchen mit nur ein paar Schwanzschlägen blitzschnell daran vorbeischießt oder das Krebschen verzehrt, wenn der Fisch groß genug ist. Ein Bachflohkrebs (Gammarus pulex) macht das nicht viel besser. Zwar kann er, bedingt durch seinen bogenförmigen Körperbau, in verhältnismäßig großer Geschwindigkeit kurvenförmig schwimmen, aber gegen die Forelle hat er keine Chance, wenn ihm nicht Wasserwirbel oder Unterschlupf zum Überleben verhelfen.

Nicht die Vielzahl der beim Schwimmen eingesetzten »Ruder« macht die Geschwindigkeit aus, sondern die Effizienz, mit der die eingesetzten Kräfte in die Schwimmbewegung umgesetzt werden können. Diese Effizienz hängt vor allem bei kleineren Tieren von der »Zähigkeit« des Wasser ab. Je kleiner der Körper und je geringer die Geschwindigkeit, desto zäher verhält sich das Wasser. Die Fortschrittlichkeit von Pikaia ergibt sich auch daraus, daß ihre Fortbewegung im viel zäheren Milieu des Schlammes entstanden war und nicht direkt im Wasser. Dadurch hatte diese Wechselwirkung zwischen Tütenmuskeln und elastischer Chorda so unmittelbare Vorteile beim Einsatz im Wasser und nicht eine lange Evolutionszeit als Grundlage, in deren Verlauf dieser besondere Bewegungsapparat nach und nach verbessert wurde. Auf diesem direkten Weg hätten seine Anfangsstadien nicht nur keine Vorteile gegenüber all jenen Arten ins evolutionäre Spiel mit einbringen können, die sich durch Schlagbewegungen der Beinchen fortbewegen, sondern sogar die erheblichen Nachteile geringerer Manövrierfähigkeit beim Übergang vom noch röhrenartig ausgebildeten Wurm zum flachen Muskelblättchen. Lanzettfischchen hat man immer wieder mit Weidenblättchen verglichen, weil sich ihre Formen so ähneln.

Ohne Berücksichtigung der Energiebilanzen, die sich aus dem Einsatz für die Fortbewegung und dem Gewinn an Beweglichkeit zusammensetzen – dieser muß in aller Regel wieder Energie in Form von Nahrung einbringen –, wären natürlich die kleinen Krebstierchen mit ihren schlagenden Beinchen und deren Vorläufer gerade so gut wie das Lanzettfischchen, die frei schwimmende kleine Schnecke, der Tintenfisch oder der sich noch schlängelnd fortbewegende, große Wurm. Daß sie alle noch existieren, heißt nicht, daß sie alle gleich erfolgreich gewesen sind. Man kann das zwar so sehen, wenn man es so verstehen will, aber dann verschließt man sich vor den Tatsachen, daß aus all diesen Formen und Stammeslinien ganz unterschiedliche Entwicklungen hervorgegangen sind.

Die evolutionären Erfolge sind mehr als das bloße Überleben, sonst wäre der Erfolg des Überlebens nichts weiter als ein gänzlich nichtssagender Zirkelschluß: Es hat der überlebt, der überlebt hat. So gesehen, bringt das nichts. Auch Darwin meinte mit seinem »survival of the fittest« nicht das Überleben des Überlebenden, sondern das (langfristige) Überleben der besser Angepaßten. Daß er mit dieser Definition dennoch längst nicht alle Fragestellungen hat beantworten können, ist eine andere Sache. Sie würde hier zu weit vom Thema ablenken.

Hier geht es in der Hauptsache darum festzuhalten, daß das Schwimmen der Fische nicht direkt entstand, sondern sich aus dem Wühlen im Bodenschlamm entwickelt hat. Ein solcher Umweg ist merkwürdig genug: Die Fische als so typische Wassertiere sollten ihren Anfang nicht im Wasser gehabt haben, zumindest nicht unmittelbar? Gewöhnen wir uns daran. In der Evolution verlief kaum eine Entwicklung »zielgerichtet«. Die Rückschau verführt uns zu dieser Annahme. Aber sie ist fast immer falsch.

Die Entwicklung zum »Fisch« verlief sehr langsam. Sie steckt so voller »Pannen« und Sackgassen, daß man sich rückschauend eigentlich wundern müßte, was in den letzten 150 bis 160 Millionen Jahren dann doch an Hochleistungsformen dabei herauskam. Zahlreiche Ansätze in einer Zeitspanne von beinahe 500 Millionen Jahren waren »vergeblich«. Daß nur wenige Gruppen Erfolg hatten und überlebten, liegt offensichtlich daran, daß sie ursprünglich vorhandene Mängel beseitigten. So hatte Pikaia keine Kiefer. Auch dem Lanzettfischchen fehlen sie. Zusammen mit den heute noch lebenden »Schleimfischen« (Inger) und den Rundmäulern (Neunaugen) gehören sie in die Gruppe der Kieferlosen (Agnatha). Die kiefertragenden Fische, wissenschaftlich Gnathostomata genannt, entwikkelten sich erst in der Folgezeit aus kieferlosen Vorläufern. Auch diese Tatsache bestätigt, daß das Schwimmen ursprünglich gar kein zielgerichteter Vorgang gewesen sein kann. Worauf sollen Lanzettfischchen auch zielen, wenn sie keine Kiefer haben, um etwas damit zu erfassen?

Es hat als Lebensform ganz einfach deshalb überlebt, weil seit Hunderten von Jahrmillionen im Schlick organische Feinpartikelchen zu finden sind, die mit einem geeigneten Filterapparat herausgeholt werden können. Die größeren, bis 75 Zentimeter langen Inger oder Schleimaale, wie sie früher auch genannt worden sind, stehen verwandtschaftlich den Neunaugen nahe. Sie leben im Schlickboden eingegraben und ernähren sich von Kleintieren, die sie aus dem feinen, sandig-tonigen Material mit Hilfe von Schleim herausholen. Auch die Larvenstadien der Neunaugen ernähren sich ganz ähnlich, während einige der ausgewachsenen, fortpflanzungsfähigen Tiere dazu übergegangen sind, sich als Außenparasiten an Fischen zu betätigen. Es liegt an der Beibehaltung der ursprünglichen Lebensweise beziehungsweise an der parasitischen Nutzung der Fische, daß diese kieferlosen »Fische« überlebt haben.

Wenigstens sieben weitere Stammeslinien kieferloser Fische starben aus, ohne irgendwelche direkte Nachfahren zu hinterlassen. Nicht einmal das Erdmittelalter erreichten die meisten von ihnen. Fast 200 Millionen Jahre liegen zwischen ihrem Verschwinden und dem Aufkommen der modernen Knochenfische, die heute das Weltmeer und die meisten Binnengewässer bevölkern.

Die Betonung liegt dabei auf »modern«, denn Knochenfische altertümlicher Bauart entwickelten sich schon bald nach den Kieferlosen. Die »Erfindung« des Kiefers brachte ihnen zwar einen enormen Fortschritt, weil sie weitaus gezielter und bedeutend kompakter gebaute Nahrung damit aufnehmen konnten als die Kieferlosen. Aber nicht sie machten zunächst das evolutionäre Rennen, sondern ein früher Sproß aus ihrer Abzweigung, dessen Abkömmlinge unter Menschen gemeinhin Schrecken verbreiten. Es waren dies die zur Stammeslinie der Knorpelfische gehörenden Placodermen, aus deren früher Entwicklung sich die echten Knorpelfische, die Haie und die Rochen, abgespalten haben.

Ich könnte, ja müßte die Verhältnisse eigentlich erheblich verwickelter darstellen. Dann erst würde ich die natürlichen Gegebenheiten wiedergeben, denn sie sind noch viel komplizierter, als hier angedeutet. Immer wieder waren es Seitenlinien, die weiterführten, während stark entwickelte, zentrale Achsen mehr oder minder plötzlich verschwinden. Schließlich enthält die Evolution der Fische eben auch jene Stammeslinien, die zu den Lurchen und Kriechtieren, also zu den Landwirbeltieren weiterführten – unsere Linie, wie erwähnt. Die vielen Neben- und Umwege verraten besser als alle Betrachtungen der durchgängigen Linien die Schwachstellen und die Zwänge, in denen der Evolutionsprozeß sich vollzog.

Die erste Gruppe kiefertragender Fische, die sich stark ausbreitete und viele Arten entwickelte, waren die Placodermen. Sie hatten massive, panzerartige Hautplatten und damit, anders als ihre weichhäutigen Vorläufer, einen guten Schutz. Sie können nur langsam geschwommen sein. Wahrscheinlich war ihr Schwimmen in der Hauptsache ein gezieltes Ansteuern jener Stellen, an denen sie mit ihren Kiefern Nahrung packen konnten. Die Schwimmfähigkeit war mehr nur eine Folge der Wasserverdrängung. (Sie starben jedoch aus, noch bevor sich modernere Fischgruppen entwickelten und ausbreiteten.)

Wasser ist eine vergleichsweise sehr schwere Flüssigkeit. Bekanntlich wiegt ein Kubikdezimeter (= 1 Liter) ein Kilogramm. Nur solche Stoffe und Gebilde, die schwerer als das von ihnen verdrängte Wasservolumen sind, sinken zu Boden. Sie gehen unter. Sind sie dagegen leichter, drängt sie der Auftrieb an die Wasseroberfläche und schiebt sie so weit darüber hinaus empor, daß ihr Gewicht genau dem vom nun schwimmenden Körper verdrängten Wasser entspricht. Beide Situationen sind nicht unbedingt vorteilhaft. Befindet sich die Nahrung am Boden, wird der Auftrieb hinderlich; findet sie sich hingegen im Freiwasser oder nahe der Oberfläche, verursacht ein zu großes Gewicht Probleme. Nur ein spezifisches Gewicht gleich dem des Wasser (= 1) erlaubt freies Schwimmen ohne Sinktendenz oder Auftrieb. Genau 1 wäre das spezifische Gewicht, bestünde der schwimmende Körper ganz aus Wasser.

Das ist natürlich Unsinn, aber nicht ganz so kraß, wie es sich anhört. Denn es haben sich tatsächlich Organismen entwickelt, die es auf eine Angleichung von praktisch 1 zu 1 gebracht haben, weil ihr Körper zu 98 bis 99 Prozent aus Wasser besteht. Das sind die Quallen. Die nahezu durchsichtige, gallertartige Restsubstanz nähert sich mit ihrem Gewicht dem spezifischen Gewicht des Wassers, so daß Quallen mit einem sehr geringen Bewegungsaufwand schwimmen können. Vielfach treiben die größeren an der Meeresoberfläche, während kleinere und mittelgroße Formen von einigen Zentimetern Durchmesser allein durch Wirbel und Strömungen in der Schwebe gehalten werden. Auf den Strand hinausgeworfen, sinken die meisten Quallen in sich zusammen, und man sieht so gut wie nichts mehr von den delikaten Formen, die sie ausbilden, wenn sie vom Wasser getragen werden. Sogar ihre Muskelfasern sind so fein, daß sie kaum die Bezeichnung Faser verdienen.

Mit ihrer Kontraktion preßt die Qualle Wasser aus dem zentralen

Hohlraum und schiebt sich dadurch in die Gegenrichtung vorwärts. Dieses pulsierende Schwimmen der Quallen ist keine besonders effiziente Fortbewegungsart. Kein Wunder, daß sich die größeren, aus vielen Einzeltieren zusammengesetzten »Staatsquallen« nicht weiterentwickelt haben, sondern zu passiver Drift an der Wasseroberfläche übergegangen sind. Gaserfüllte Blasen oder andere Gebilde, die über die Wasseroberfläche hinausragen, wirken wie Segel. So driften diese Quallen in Windrichtung, wenn sie die Meeresoberfläche erreicht haben. Quallen unter Wasser werden von den Meeresströmungen fortgetragen. Die schwachen Antriebe, die sie aus ihrem pulsierenden Schwimmen gewinnen, reichen nur dazu aus, zu verhindern, daß sie nicht zu tief absinken.

Von dieser Ausgangslage aus gesehen, waren in den frühen Phasen der Evolution – Quallen gehören zu den stammesgeschichtlich ältesten vielzelligen Organismen – die Rahmenbedingungen für das Schwimmen alles andere als günstig. Was für Entwicklungsmöglichkeiten sind das, wenn sich der Körper selbst beinahe ganz zu Wasser auflösen muß, um den Ausgleich mit dem Auftrieb zu erzielen?

Der andere Weg, sich nämlich am Boden zu halten, bot auf jeden Fall mehr, weil ja der allergrößte Teil der organischen Stoffe oder – genauer – der Überreste von anderen Organismen ganz von selbst zu Boden sinkt. Dort sammelt sich das an, was noch brauchbar ist und als Nahrung verwertet werden kann. Nicht ohne Grund durchwühlten Pikaia und viele anderen in ihrer Zeit schon existenten Lebewesen den Schlick, während im Freiwasser noch keine größeren Tiere vorkamen.

Klein- und Kleinsttiere, zusammengefaßt unter dem Begriff des Planktons, das auch die pflanzlichen Klein- und Kleinstorganismen mit einschließt, bevölkern das Freiwasser insbesondere in der Nähe der Oberfläche. Als mageres, aber beständig nachkommendes Nahrungsgut rieseln diese Organismen zu Boden, sobald sie absterben und sich nicht mehr in der Schwebe halten können. Und welche Tiere konnten diese Nahrung nutzen? Natürlich nur jene, die schwer genug waren, sich am Boden aufzuhalten. Die erste Rahmenbedingung mußte also sein, daß Organismen das Körpergewicht so veränderten, daß es schwer genug war, dem Auftrieb ausreichend zu begegnen. Nicht das Schwimmen, sondern das Am-Boden-Bleiben war die Option, die etwas einbrachte. Dieser Rahmen galt eine lange Zeit des Erdaltertums hindurch, und wahrscheinlich hing auch damit zusammen, daß sich die ersten Fische, die schon fast wie richtige Fische in unserem heutigen Sinne aussahen, mit schweren Hautplatten das Schwimmen erschwerten und nicht erleichterten.

Ganz deutlich zeigt sich dieser Zusammenhang bei den so charakteristischen Gliedertieren des Meeres im Erdaltertum, den Dreilappkrebsen oder Trilobiten. Ihre Körper waren flach und schwer gebaut. Deshalb gibt es von ihnen auch so gut erhaltene Fossilien. Sie durchsuchten den Schlick in flacheren Meeresgebieten nach Nahrung und entwickelten schwere, dreilappige Panzer. Die Formen und eine große Zahl ähnlich gelagerter Fälle verweisen auf ein und denselben Umstand: Das freie Wasser gab nicht allzuviel her für die Ernährung, und daher war der Auftrieb, der zum Schwimmen gebraucht wird, eher hinderlich als nützlich.

Nur die kleinen Krebstiere machten sich den Auftrieb nach und nach immer mehr zunutze. Daß sie das konnten, verdanken sie den Beinen. Auch diese Fortbewegungsorgane waren keineswegs deshalb entstanden, weil sie zum Laufen an Land gebraucht wurden. Ihre Funktionen waren und sind heute noch vielfältig bei den verschiedenen Gruppen der Krebstiere. Nur wenige, wie die großen, allgemein bekannten Hummer und Langusten, die Seespinnen oder die Krabben und ein paar weitere Gruppen, setzen ihre Beine so ein, wie man das aus der Sicht eines Landbewohners erwartet: zum Gehen. Viele andere schwimmen mit Beinen, die wie Ruderplättchen ausgebildet sind. Dieses Schwimmen leitet sich wahrscheinlich vom Herbeiholen von Nahrungsteilchen ab, zu dem eine ganze Reihe von Krebstieren ihre »Beine« nach wie vor einsetzt. Kraft erzeugt Gegenkraft. Folglich kann das Herbeistrudeln von nahrungshaltigem Wasser genauso auch dazu benutzt werden, sich selbst vom Ort wegzubewegen. Es kommt nur darauf an, was sich bewegt oder was mehr bewegt wird, das Wasser oder der Körper.

In dieser Selbstverständlichkeit steckt die zweite bedeutende Schwierigkeit, die mit dem Schwimmen im Wasser verbunden ist. Dort verhält es sich nicht wie beim Rudern, wo die Vorwärtsbewegung, die mit der Rückführung des Paddels durch die Luft vollzogen wird, auf weniger Widerstand trifft als die Rückwärtsbewegung, wenn der Ruderer das Boot und sich selbst gegen den Widerstand des Wasser abstemmt und dabei vorwärts schiebt. Im Wasser ausgeführt, gleichen sich vorwärts- und rückwärtsgerichtete Bewegung aus, so daß das gewöhnliche Rudern nichts weiter als ein kräftezehrendes Hin und Her ergibt. Schon die ursprünglichste Bewegungsform, der Schlag einer Geißel, mußte sich da etwas einfallen lassen.

Wimpern oder Geißeln an einzelnen Zellen setzen ihren Schlag dadurch in *Fort*-Bewegung um, daß sie den nach rückwärts gerichteten Schlag weit bogenförmig ausführen, die Geißel aber dann spitz-u-förmig wieder zurückziehen. Dabei entsteht weniger Gegendruck als bei Rückschlag. Der Unterschied der Kraft-Gegenkraft-Verhältnisse bei vorwärts- und rückwärtsgerichteter Schlagweise ergibt den Vortrieb. Auf grundsätzlich die gleiche Weise muß der Ruderfuß eines Ruderfußkrebses arbeiten. Er muß beim Abschlag mehr Wasser wegdrücken als beim Aufschlag, der Rückführung des Beines. Durch Drehungen oder Faltungen in den einzelnen Bauteilen der Beine wird dieser Effekt erzielt. Stark vereinfacht ausgedrückt: Das Ruderfußbeinchen muß etwa so bewegt werden können wie eine Hand, die man beim rückwärtsgerichteten Schwimmzug flach und auf ganzer Breitseite gegen das Wasser drückt, während sie anschließend aus dem Wasser gezogen oder mit der Schmalkante durch das Wasser zurückgeholt wird.

Eine solche Lösung ist weder einfach noch besonders wirkungsvoll, wie man an den mageren 7 km/h Höchstgeschwindigkeit im Freistil schwimmender Menschen sieht. Nun haben wir natürlich weder eine strömungsgünstige Körperform noch Ruderfüße. Aber auch mit Schwimmflossen kommen wir zu keiner grundlegenden Verbesserung, und eine bessere Stromlinienform unseres Körpers würde auch nicht allzu viel ändern. Denn gute Schwimmleistungen setzen das Zusammenspiel verschiedener Kräfte und Formen voraus. Doch eilen wir nicht voraus, und halten wir uns nicht beim schwimmenden Menschen auf, der schließlich ein Landbewohner ist.

Die wirklich guten Schwimmer ließen in der Evolution lange auf sich warten. Ruderbeine waren keine gute Lösung, sie waren, da in anderem Zusammenhang ausgebildet, als eine mehr schlechte als rechte Möglichkeit vorhanden. Die frühen Wasserbewohner nutzten sie nach besten Kräften aus, wurden aber nie gute Schwimmer.

Bleiben wir noch bei den Ruderbeinen, die, solange nichts Besseres zur Verfügung stand, gut genug für die Fortbewegung im Wasser waren. Immerhin erlaubten ruhige, gleichmäßige Schlagbewegungen der Ruderbeine ein Schwimmen, mit dessen Hilfe den zahlreichen Hindernissen am Meeresboden ausgewichen werden konnte, ein paar schnelle und kräftige Schläge reichten auch aus, sich aus einer Gefahrenzone zu entfernen. Manche Formen dieses Schwimmens ähneln mehr einem Springen in der Luft als dem Schwimmen im herkömmlichen Sinn. Die Bodenfeinde im Wasser beschleunigten die Entwicklung zum freien, anhaltenden Schwimmen auch nicht wesentlich. Sie mögen Feineinstellungen im Verhalten ausgelöst haben, wie blitzschnelles, bogenförmiges Wegschwimmen analog zu einer Geschoßbahn, aber kaum mehr als das. Sie selbst hätten von anhaltendem Schwimmen außer den damit verbundenen Energiekosten auch nichts gehabt, weil sich ihre Beute am Boden und nicht im Freiwasser befand. Dort verstärkten die dem Feinddruck ausgesetzten Arten ihre Panzer, deren Gewicht sie allein schon wegen des Auftriebs benötigten. So machte sicher auch manche Panzerung, die uns nur der Feindabwehr zu dienen scheint, einen Vorlauf in ganz anderem Zusammenhang durch und erwies sich erst später als tauglich, Feinde abzuhalten.

Dem Ursprung des Schwimmens der Fische sind wir noch immer nicht wesentlich näher gekommen. Zwischen den Vorformen des Lanzettfischchens und den modernen Knochenfischen klafft die sehr große Lücke von 500 Millionen Jahren. Sie beginnt sich erst mit der Entwicklung einer Fischgruppe zu schließen, die sich in vielen Eigenschaften sehr stark von den modernen Knochenfischen unterscheidet. Es handelt sich um die Haie und ihre Verwandten, die Knorpelfische. Um keine falschen Vorstellungen aufkommen zu lassen: Sie sind keine Vorläufer der modernen Knochenfische, sondern eine weitgehend parallele und ganz eigene Entwicklungslinie. Allerdings weisen die Knorpelfische noch mehr ursprüngliche Eigenschaften als die Knochenfische auf. Nur deswegen werden letztere im System höher eingestuft.

Mit den Haien taucht erstmals die uns geläufige, »richtige« Fischform auf: stromlinienförmig ausgebildete Körper mit Hauptantrieb in der Schwanzflosse und Zähne in den Kiefern, die zum Zerreißen größerer Beute geeignet sind. Ein großer Grauhai oder ein Weißer Hai ist Fischform in Vollendung. Entsprechend eindrucksvoll sind die Höchstgeschwindigkeiten, die sie erreichen. Mit über 70 km/h übertreffen sie die meisten anderen Fische; nur die zu den modernen Knochenfischen gehörenden Schwert- und Thunfische sowie ein paar Arten großer Makrelen sind noch etwas schneller. Der Schwertfisch soll es angeblich bis auf 90 km/h bringen; eine Berechnung, die nicht aus direkt gemessenen Werten der Geschwindigkeit stammt. Etwa 50 km/h erreichen zahlreiche größere Hai- und Knochenfischarten, zumindest kurzzeitig. Die normalen Schwimmgeschwindigkeiten liegen entsprechend niedriger. So schwimmen die großen Thunfische für gewöhnlich mit etwa 40 km/h, also mit rund halber Spitzengeschwindigkeit. Bei den großen Haien liegt der Normalwert noch darunter.

Haie entstanden vor etwa 350 Millionen Jahren; ihre ersten Anfänge reichen nochmals rund 100 Millionen Jahre weiter zurück. Da sich die meisten, insbesondere die größeren Arten von Fischen ernähren, die erst vor etwa 160 Millionen Jahren aus primitiven Fischformen hervorgingen, und von den stammesgeschichtlich noch viel jüngeren Meeressäugetieren, kann die heutige Hauptnahrung nicht der Auslöser für ihre Entwicklung gewesen sein.

Bemerkenswerterweise gaben schon frühzeitig, vor gut 320 Millionen Jahren, die Rochen, die zur Stammeslinie der Haie gehören, die zum Schwimmen so taugliche, typische Fischform wieder auf. Sie platteten ab und fingen wieder mit der uralten Ernährungsweise an, den Bodenschlamm durchzuwühlen. Wenn sie schwimmen, bewegen sie die seitlich vom Körper abstehende, flügelartige Membran dazu, so daß sie im Wasser zu fliegen scheinen. Bei den großen Rochen, die nach erneutem Wechsel nun wieder im offenen Meer Planktonorganismen fangen, sieht das Schwimmen wirklich wie ein Flug aus. Die Flügel des größten der Rochen, des Manta, spannen dabei bis zu 7 Meter. Beim kleineren Adlerrochen sagt der Name schon deutlich, wie dieser Knorpelfisch im Wasser wirkt, wenn er schwimmt. Und das tun Adlerrochen wie Mantas und vor allem die großen Haie fast immer. Nur selten ruhen sie irgendwo in Höhlen oder am Meeresgrund. Nur einige der rund 350 Haiarten, die es gegenwärtig gibt, bewegen sich wenig und bleiben fast immer auf dem Boden. Die große Mehrzahl hingegen schwimmt scheinbar ruhelos beständig. Riffhaie patroullieren unablässig vor den Riffen, während die Haie des offenen Ozeans Tag für Tag gewaltige Strecken zurücklegen können. Ein Blauhai schwamm in zwei Wochen von der

Nordküste Afrikas bis Australien. Der markierte Hai muß dabei durchschnittlich etwa 300 Kilometer pro Tag zurückgelegt haben.

Haie haben keine Kiemendeckel. Das Atemwasser, das sie zum Gastausch in den Kiemen benutzen müssen, strömt passiv durch, so lange der Hai schwimmt. Knochenfische atmen aktiv durch Heben und Senken der Kiemendeckel und durch Regulierung des Wasserzustroms durch den Mund. Haie hingegen müssen mit stets geöffnetem Mund schwimmen, sonst könnte das Wasser nicht durch die Kiemenspalten fließen. Weil dabei natürlich auch die Zähne sichtbar werden, wirkt ein großer Hai immer so furchterregend.

Diese passive Atmungsweise ist Anlaß für eine interessante Denkmöglichkeit: Wurden die Haie vielleicht deshalb zu richtigen und unentwegten Schwimmern, weil sie den Wasserstrom für ihre Atmung benötigen? Dienten die seitlichen Hautlappen, die so kennzeichnend für die Rochen wurden, zunächst gar nicht dem Schwimmen, sondern der Verbesserung der Strömungsverhältnisse über die Kiemen bei sich anbahnender aktiver Atmung? Wir können die Zusammenhänge nur vermuten.

Auf jeden Fall verweist diese Eigentümlichkeit der Haie auf die inneren Bedingungen, die genau so wichtig sind wie die äußeren. Die beste Fischform würde gar nichts nützen, wenn für die Schwimmbewegung nicht genügend Sauerstoff zur Muskulatur gebracht werden kann. Nicht die Form allein entscheidet, auch der »innere Motor« ist mit im Spiel, nicht selten ist er sogar bedeutsamer als die äußere Form.

Fische können mit zwei recht unterschiedlichen Geschwindigkeiten schwimmen. Die eine, nur rund halb so schnelle Form wird von der reich durchbluteten, quergestreiften Muskulatur erzielt. Wenn der Fisch mit dieser Muskulatur arbeitet, geschieht dies mit vollem Sauerstoffeinsatz. Die Leistung entsteht durch vollständige Verbrennung der Glukose (aerob). Schaltet er dann, bei Bedarf, die glatte Muskulatur hinzu, steigt die Geschwindigkeit mehr oder weniger kurzzeitig auf das Doppelte. Es muß folglich rund das 4fache an Energie für den Vortrieb freigesetzt werden. Die glatte, weiße Muskulatur leistet dies durch unvollständigen Glukose-Abbau zu Milchsäure (anaerob). Die Milchsäure häuft sich an; wir kennen das beim Muskelkater. Beim Fisch heißt das, daß Zwischenspurt oder Blitzstart nur kurze Zeit anhalten können, dann geht es nur noch mit normaler Geschwindigkeit weiter. Ein und derselbe Fisch arbeitet mit zwei sehr unterschiedlichen Leistungsstufen – besser könnte nicht zum Ausdruck kommen, wie sehr die inneren Leistungsverhältnisse das äußere Ergebnis bestimmen.

Deshalb ist die Überlegung so interessant, daß die Haie vielleicht (auch) deswegen andauernd schwimmen (müssen), weil sie sonst nicht genügend Sauerstoff ins Blut bekämen. Im Blut der Haie steckt nämlich noch eine weitere Besonderheit, die sie sehr stark von den Knochenfischen unterscheidet: Es hat dieselbe Ionenkonzentration wie das Meerwasser. Bei den Knochenfischen liegt sie bei weniger als dem halben Wert, so daß für diese das Schwimmen im Meer permanent Durst erzeugen sollte, weil das Wasser stets in Richtung auf die größere Salzkonzentration fließt. Die Knochenfische müßten daher austrocknen, hätten sie keinen wirkungsvollen Schutz gegen den Wasserverlust entwickelt. Sie könnten sich gar nicht leisten, ihre Kiemen wirklich andauernd umströmt zu halten. Der Wasserverlust wäre im Meer für sie viel zu groß. Bei den Haien schützt gleicher Innendruck (osmotischer Druck, hervorgerufen durch die Ionenkonzentration) vor dem »Auslaufen«. Aber er hat seinen Preis.

Haie pumpen ihr Blut so mit Harnstoff voll, daß die richtige Ionenkonzentration zustande kommt. Für uns wäre der Austritt von Harnstoff ins Blut tödlich. Wahrscheinlich verhindert diese Belastung des Blutes die Entwicklung dauerhaft hoher Leistungen, wie wir sie von den Makrelen und anderen großen Knochenfischen, insbesondere aber von den Thunfischen kennen. Diese schwimmen, anders als die Haie, die nur kurzzeitige Sprints machen, stundenlang mit Geschwindigkeiten über 50 km/h. Ihre Körpertemperatur steigt dabei stark an und stellt sich auf etwa 31 Grad Celsius ein. Diese Temperatur garantiert die volle Leistungsfähigkeit der Muskulatur auch in kaltem Wasser, in dem die Haie träge würden. Die Hauptverbreitung der großen, aktiv jagenden Haie beschränkt sich aus diesem Grund auf die tropischen und subtropischen Gewässer, während Thunfische, Makrelen und andere schnelle große Knochenfische auch in kälterem Wasser jagen können. In dieser Hinsicht allen überlegen sind jedoch die dauerhaft warmblütigen Tiere, die Meeresvögel und die Meeressäugetiere.

Bevor diese und zuvor noch die Knochenfische an die Reihe kommen, müssen aber noch ein paar weitere wichtige Gesichtspunkte erläutert werden. Da ist einmal die energetische Quelle der anhaltenden Schwimmleistungen. Gleich ob es sich um Haie oder um Thunfische handelt, sie müssen für ihre hohen Schwimmgeschwindigkeiten entsprechend energetisch hochwertige Brennstoffe zur Verfügung haben. Im Freiwasser des Meeres sind das vor allem andere Fische, zumal solche, die fettreich sind. Auch große Planktonkrebse kommen in Frage, wenn sie Öltröpfchen enthalten. Wenn sich Haie aber ursprünglich nicht von fettreichen, modernen Knochenfischen oder von Meeressäugetieren ernähren konnten, weil es diese noch gar nicht gab, dann kann ihre Nahrung auch nicht so energiereich gewesen sein, wie sie nach heutigen Anforderungen hätte sein sollen. Ihr Körperbau zeigt aber, gut belegt durch die Fossilfunde, daß sie den Schwimmtyp schon frühzeitig entwickelten. Nur eine Alternative ist hierfür vorstellbar: Sie verbrannten in größerem Umfang Eiweiß! Genau dies kann zur Zeit der Evolution der Haie sehr gut möglich gewesen sein.

Die zunehmend häufigere Verwertung von langsamen Panzerfischen und Vorläufern der modernen Knochenfische kann die Haie mit jenem Eiweißüberschuß versorgt haben, der den einzig vorstellbaren Ausweg eröffnet. Der Eiweißüberschuß konnte zwar auch verbrannt werden, aber mit hohem Anteil an Abfall, und dies ist der Harnstoff als Endprodukt des Eiweißstoffwechsels. Die Muskulatur muß diesen im Harnstoff gebundenen Überschuß an Stickstoff loswerden. Er geht zunächst ins Blut. Bei den Haien verbleibt dort der Harnstoff bis zum Konzentrationsausgleich mit dem Meerwasser, das nun unablässig an den Kiemen vorbeiströmen kann. Es wird gebraucht, weil die Verbrennung von Eiweiß viel Sauerstoff in Anspruch nimmt. Auf diese Weise schaukelt sich ein Prozeß auf, der immer höhere Energieleistungen auf der Grundlage des Eiweißstoffwechsels mit immer höherem Sauerstoffbedarf verbindet, bis die zu hohe Konzentration des Stoffwechselprodukts im Blut die weitere Entwicklung unterbindet.

Mehr Fett oder Kohlenhydrate anstelle von Eiweiß zu verbrennen, das wäre eine andere Lösung, aber sie verträgt sich nicht mit der hohen Salzkonzentration des Meerwassers. Das führt uns nun zu den Knochenfischen. Aufgrund des genannten Problems nimmt man an, daß sich die modernen Knochenfische auf dem Umweg über das Süßwasser, zumindest aber im Brackwasserbereich, entwickelt haben und nicht direkt im Meer. Nur so konnten sie der Eiweißfalle entgehen und auf ein höheres, weniger belastendes Stoffwechselniveau kommen. Die anderen Ionenkonzentrationen und Verschiebungen im Säuregrad sowie im Gehalt des Wassers an Calcium schufen ein neuartiges Szenario für die Fischentwicklung, die eine nachhaltige Verbesserung der Leistungsfähigkeit der Muskeln nach sich zog. Es konnten an den Stellen hoher Muskelaktivitäten innere Knochen ausgebildet werden, die viel wirkungsvoller die Kräfte umzusetzen helfen als Knorpel. Auch die Muskulatur gelangte zu einer entscheidenden Verbesserung mit der Entwicklung der voll sauerstoffnutzenden (aeroben), quergestreiften Muskelfaser. Fettspeicherung und Fettverbrauch wurden wichtige Leistungen im Stoffwechsel. Solcherart ausgestattet, konnten die neuen Knochenfische den alten Lebensraum des Meeres erobern und ihm eine neue ökologische Beschaffenheit geben, der Ozean füllte sich in der Freiwasserzone mit Fischen.

Sie brachten dazu noch eine weitere, ganz entscheidende Neuerung mit: die Schwimmblase. Auch dieses Organ war nicht im Zusammenhang mit dem Schwimmen – also mit der Einstellung des Gleichgewichtszustandes zwischen Auftrieb und Absinken – entstanden, sondern als Hilfsmittel zur Verbesserung der Atmung im sauerstoffarmen, warmen Flachwasser. Als Ausstülpung des Vorderdarms angelegt, schuf sie eine vergrößerte, reich durchblutete innere Oberfläche, die, als sie mit Luft gefüllt war, nicht mehr dem andauernd vorbeifließenden Wasserstrom ausgesetzt war, der entweder zu viele Ionen den Kiemen entzog oder Wasserverluste verursachte, je nachdem, ob das vorbeiströmende Wasser ionenärmer oder ionenreicher war. Da der Sauerstoff gebraucht wurde, mußten diese Verluste in Kauf genommen werden, bis die Darmausstülpung mit atmungsaktiver innerer Oberfläche einen neuen Weg bot, der das Ionengleichgewicht nicht mehr beeinträchtigte.

Was als zusätzliches Organ für die Sauerstoffversorgung und Kohlendioxidabgabe anfing, wurde nun im Freiwasser zu einer hervorragend funktionierenden Einrichtung, das hydrostatische Gleichgewicht einzustellen. Etwas mehr Gas in der Schwimmblase, und der Auftrieb stieg, etwas weniger, und es ging abwärts. Die Regulationsfähigkeit dieser inneren Gasblase ist so fein, daß die damit ausgestatteten Fische ohne weiteren Kraftaufwand ihre Höhenposition im Wasser einrichten können. Haie hingegen haben weite Umwege zu schwimmen, bis sie die angepeilte Tiefe oder Höhe erreichen. Es fehlt ihnen dieses hydrostatische Gleichgewichtsorgan.

Für jenen anderen Zweig der Stammeslinie der Fische, welcher den Weg aufs Land nahm und die Linie der Landwirbeltiere begründete, bildete die Schwimmblasen-Lunge den Ausgangspunkt für die Lungenentwicklung.

Beide Wege wurden außerordentlich erfolgreich: Der neue Weg aufs Land ebenso wie der alte Weg zurück ins Meer. Dort gelang es nun den Knochenfischen, ein gewaltiges Nahrungspotential zu nutzen, das oben in den durchlichteten, oberflächennahen Schichten lebte, denn sie mußten nicht mehr wie die bodengebundenen Arten auf dessen Absterben warten. Sie konnten nun Plankton und Kleinkrebschen direkt nutzen und somit eine recht fettreiche Nahrung erschließen, die einen entsprechend günstigen Brennwert in sich trägt. Die rückschauend wie eine Explosion wirkende Entfaltung der Knochenfische im Meer war die Folge dieses Rückwanderns mit neuen Eigenschaften.

Die großen Haie stellten sich darauf ein und wurden zu einem wichtigen, aber dennoch nicht zu gewichtigen Evolutionsfaktor. Den Raubfischen unter den eigenen Verwandten der modernen Knochenfische fallen aller Wahrscheinlichkeit nach weit mehr Fische zum Opfer als den ferneren Verwandten, den Haien. Deren vergleichsweise hochentwickelte Fortpflanzung über wenige, große Eier oder sogar über Junge, die sich im Mutterkörper entwickeln, zeigt den Tendenzunterschied. Die Knochenfische können es sich leisten, auf Menge zu setzen. Gerade die Massenarten produzieren Eimengen, die in die Millionen gehen. Ihre Larven leben von Plankton. Die Haie dagegen investieren in Qualität: in geringe Nachwuchszahlen mit hohen Überlebenschancen. Die äußere Form dieser so unterschiedlichen Gruppen ist wiederum ziemlich nichtssagend: Vergleichen wir einen großen Hai mit einem großen Thunfisch, dann fallen die Meßwerte zu den verschiedensten Proportionen sehr ähnlich aus. Dennoch handelt es sich um zwei grundverschiedene Typen.

Daß der Zuschnitt fast gleich ausfällt, am besten ausgedrückt durch das Verhältnis von Länge zu Körperdicke, die etwa 4 zu 1 ausmacht, trifft auch für eine weitere »Fischform« zu, die nun auch bei großzügigster Auslegung des Begriffs Fisch nicht dazugerechnet werden darf, für den Delphin. Delphine sind eine Gruppe der Wale und damit Angehörige der Klasse der Säugetiere. Als solche sind sie mit Hase und Känguruh weitaus näher verwandt als mit Thunfisch oder Hai, auch wenn sie diesen beiden, für sich schon sehr unterschiedlichen Fischformen äußerlich ähneln. Ihre Rückanpassung an das Wasserleben beweist nun ganz unstrittig, daß das Entscheidende bei der Entwicklung der typisch stromlinienförmigen Fischform die Verlagerung des Antriebsorgans nach hinten war. Die Schwanzflosse liefert den entscheidenden, die Geschwindigkeit bestimmenden Antrieb.

Die anderen Flossen sind nur dann von Bedeutung für das Schwimmtempo, wenn die Schwanzflossen rückgebildet worden sind. Solche Arten sind ohne Ausnahme langsame Schwimmer, wie die Rochen oder der bizarre, tonnenschwere Mondfisch, der wie eine riesige Scheibe gestaltet ist. Durchlaufende Flossensäume bringen einen wesentlichen Teil des Antriebs auch bei Aalen, während bei anderen, uns gleichfalls bizarr und von der normalen Fischform stark abweichend vorkommenden Arten die Brustflossen wichtigstes Antriebsorgan geworden sind. Ruderbeinartige Verhältnisse stellten sich nirgendwo nachträglich wieder ein.

Zurück zum Delphin und seinen Verwandten. Seine Fischform ist so kennzeichnend, daß sie nicht einfach eine von mehreren möglichen Lösungen darstellen kann. Die Übereinstimmungen mit entsprechend großen Fischen sind zu groß. Diese Fischform muß daher eine Art Optimallösung für das Schwimmen sein. Der Delphin schneidet sogar noch besser ab, als man aufgrund seiner Proportionen erwarten würde.

Strömungsmechaniker haben berechnet, daß Delphine angesichts des Baus ihrer Muskulatur, ihrer Körperlänge und der Größe ihrer Körperoberfläche so gute Leistungen gar nicht erreichen dürften. Ihre Berechnungen sind durchaus korrekt, nur liegt das Geheimnis woanders. Nach seinem Entdecker »Graysches Paradoxon« benannt, liegt die Erklärung in der Struktur der Delphinhaut. Sie ist so elastisch und so fest zugleich, daß sie die bremsenden Wasserwirbel weitgehend unwirksam macht und den Körper stärker glättet, als es ein völlig glattes, starres Gebilde überhaupt nur sein kann. Fasern aus Bindegewebe (Kollagen) und Fett erzeugen in der Delphinhaut diese Wirkung. Deshalb mußte sie wohl auch das ursprünglich vorhandene, säugetiertypische Haarkleid zur Gänze aufgeben.

All diese Leistungen wären nicht möglich, hätten die Delphine und die anderen Wale nicht jenes neue Fortbewegungsorgan entwickelt, das sie auszeichnet: die Fluke. Sie ist eine waagerecht ausgebildete Schwanzflosse, in der nicht etwa die beiden Hinterbeine stecken. Diese sind bis auf winzige Knochenreste vollständig zurückgebildet. Die Fluke ist eine Neuentwicklung. Sie brachte in Verbindung mit typischen Leistungen des Säugetierkörpers – geregelt hohe Körpertemperatur, Lungenatmung und hochentwickeltes, den Haien und den Knochenfischen im Entwicklungsstand weit überlegenes Gehirn – den entscheidenden Fortschritt. Die waagerecht stehende Fluke ermöglicht gleichermaßen schnellen Vortrieb wie blitzartiges Auf- und Abtauchen. Hierbei tun sich die Fische mit ihrer in der Regel senkrecht stehenden Schwanzflosse viel schwerer.

Als sich die Wale und Delphine beziehungsweise ihre Vorfahren in der Stammesgeschichte der Säugetiere schon vor etwa 60 Millionen Jahren, also noch in der Frühzeit der modernen Säugetierentwicklung, anschickten, das Meer zu erobern, muß der »Lohn« für diesen Weg außerordentlich groß gewesen sein. Die Veränderungen, die notwendig waren, einen Landtierkörper so gut dem Wasserleben anzupassen, lassen sich nicht einfach mit ein bißchen »Gewinn« und sehr kleinen Schritten in der Entwicklung nachvollziehen. Schließlich sahen ihre landbewohnenden Vorfahren noch ganz anders aus.

In gewisser Hinsicht ein Zwischenstadium bildet die andere große Gruppe von Säugetieren, die ebenfalls den Weg ins Meer eingeschlagen hat, die Robben. Bei ihnen sind sowohl alle vier Beine als auch das Fell noch vorhanden – nur das Walroß hat keines mehr. Die flossenartig ausgebildeten Beine eignen sich bei den Ohrenrobben, insbesondere bei Seelöwen und Seebären, noch für die Fortbewegung an Land. Sie fällt den Tieren zwar schwer, aber es geht noch mit Einsatz der Beine voran und die Felsen an der Küste hoch, wenn diese nicht allzu steil und zu hoch sind. Die andere Gruppe dagegen, die Seehunde und ihre Verwandten, können die Hinterbeine nicht mehr vorwärts richten und unter den Körper bringen. Sie müssen, zumeist auf Sandstränden, auf dem Bauch »robben«, wenn sie an Land gehen.

Beide Gruppen von Robben bringen ihren Nachwuchs noch an Land zur Welt. Die Wale und Delphine hingegen gebären im Wasser, sie sind vom Land gänzlich unabhängig geworden. Robben beschleunigen unter Wasser enorm gut. Die Hinterbeine wirken dabei wie eine Einheit, aber nicht vergleichbar der Schwanzfluke der

Wale: Diese ist ein so mächtiges Antriebsorgan, daß sogar solche Riesen, wie die bis über 15 Meter langen Schwertwale (Orcinus orca), Schwimmgeschwindigkeiten von knapp 60 km/h erreichen; schnell genug, um damit die meisten Fische wie auch Pinguine und viele der kleineren Robben einzuholen.

Dabei sieht der dicke Schwertwal gar nicht sonderlich strömungsgünstig aus. Es liegt an der geballten Muskelkraft, die in diesen Kolossen steckt, daß sie das Wasser kaum mehr bremst als die Luft, obwohl es eine rund 800fach höhere Dichte hat. An Land geworfen, zerstört die Schwerkraft nach kurzer Zeit ihren riesigen Körper, der beim größten aller Lebewesen, beim Blauwal, die Masse von 120 Tonnen erreicht, in Einzelfällen sogar übersteigen kann. Nur der Tragkraft von Wasser ist es zu verdanken, daß sich solche Tiergiganten entwickeln konnten. Begreiflich, daß dazu nicht minder gigantische Nahrungsmengen gehören. Ohne die schier unendlich großen Mengen an Krill und anderen großen Planktonorganismen, die vor allem in den kalten Ozeanen leben, wäre die Existenz der großen Wale nicht möglich.

Diese Riesen dokumentieren die Größe der Ressourcen, die das Meer zu bieten hatte und immer noch bietet, und sie ist es, die ihre Existenz erklärt: Nur diesem, im Vergleich zum Land unvergleichlich größeren und qualitativ höherwertigen Nahrungsangebot verdanken die Stammeslinien der Wale und der Robben ihren Erfolg. Sie haben sich die großen Fischbestände zunutze gemacht und einige sind dann direkt auch zur Quelle des Nahrungsreichtums, zur Nutzung des Planktons, übergegangen. Auch die Riesenformen unter den Haien und den Knochenfischen nahmen diesen Entwicklungsweg. Walhai und Mondfisch ernähren sich von Plankton; die Riesen leben von den Zwergen und ihrer außerordentlichen Leistungsfähigkeit im Stoffumsatz des Meeres. Das schnelle Schwimmen wurde erst unter diesen veränderten Rahmenbedingungen zu einer lukrativen Fortbewegungsart. Deshalb hat es so lange gedauert, bis richtige Schwimmer im Meer entstanden sind.

Genau genommen fallen sie in zwei Gruppen: Richtige Schwimmer wie die Fische, die großen Tintenfische und andere echte Wassertiere atmen im Wasser. Die Abkömmlinge der Landwirbeltiere können das nicht. Sie haben ihre Lungenatmung beibehalten. Für sie ist das Schwimmen eigentlich ein Tauchen. Zum Atmen müssen sie an die Oberfläche zurück. Mit bis zu zwei Stunden Tauchzeit haben es einige Wale und Delphine weit gebracht, wenn wir unsere eigene Höchstleistung beim Tauchen als Bezugswert nehmen. Sie liegt bei etwas über sechs Minuten und bei immerhin knapp 70 Meter Tiefe. Wenn ein Pottwal zwei Stunden unter Wasser verbringt und über 1000 Meter tief taucht, dann sind das natürlich außerordentlich eindrucksvolle Werte. Verglichen mit echten Wassertieren, wie den Fischen, stellen diese Tauchgänge allerdings nur kurzzeitige Ausflüge von der Wasseroberfläche in die Tiefe dar.

In ihrer strömungsgünstigen Körperform kommen Delphine den besten Schwimmern unter den Fischen sehr nahe. Dank ihrer dauerhaft hohen Körpertemperatur aber können ihre Muskeln im Endeffekt erheblich höhere Leistungen als die vergleichbaren Fische erbringen. Sie haben Eigenschaften – wie Wendigkeit und Präzision im Springen aus dem Wasser oder die »Handhabung« von Gegenständen mit dem schnauzenartig verlängerten Mund –, mit denen sie die Fische bei weitem übertreffen. Aber unter Wasser setzt ihnen ihre Abhängigkeit von der Luft enge Grenzen. Immer wieder müssen sie auftauchen und das Streckenschwimmen zum Atmen unterbrechen. Eine weitere Verbesserung der Dauerleistungen beim Schwimmen könnte ihnen aus diesem Grunde gar nichts weiter einbringen. Thunfische, die für Delphine ohnehin nicht als Beute in Frage kommen, oder der noch schnellere Schwertfisch erreichen bessere Spitzengeschwindigkeiten, aber sie sind nicht ausgestattet für schnelle, weit in die Tiefe führende Tauchgänge. Die Meeressäuger erschlossen sich dagegen einen riesigen Nahrungsraum, der von Raubfischen weitgehend ungenutzt geblieben ist, da diesen für die Ausnutzung der Tiefe entscheidende Fähigkeiten fehlen, die die Wale und Delphine von ihrem früheren Landleben mitgebracht haben: das außerordentlich gute Gehör.

Wasser leitet den Schall viel besser als die Luft. Ein auf das Hören im Luftraum eingestelltes Organ leistet im Wasser, sofern das Trommelfell gut genug gegen den Wasserdruck abgesichert ist, unvergleichlich mehr. Wale und Delphine können sich mit Ultraschall verständigen und wahrscheinlich Hunderte von Kilometern weit hören. Sie orientieren sich im Wasser mit einer anderen Art von »Radar«, dem Sonar-System. Mit Schallwellen tasten sie ihre Umgebung im trüben Wasser der Flüsse und in den lichtlosen Tiefen des Meeres ähnlich effizient ab wie die Fledermäuse den Luftraum bei ihren nächtlichen Jagdflügen. Die gute Schalleitung leistet jedoch möglicherweise noch mehr. Es gibt Hinweise darauf, daß Pottwale, wenn sie in große Tiefen abtauchen, dort nicht ziellos nach großen Kraken herumsuchen. Sie haben diese vorher schon geortet und tauchen gezielt nach ihnen.

Es liegt an unseren eigenen, für die Tiefsee gänzlich ungeeigneten Sinnesorganen, daß wir so wenig über das Geschehen dort unten wissen. In der dunklen Tiefe verschließt der steigende Wasserdruck den Zugang in die Hörwelt dieser ausgedehntesten Region der Erde, in der es Leben gibt. Unterwassermikrophone (Hydrophone) sind ein immer noch unzureichender Ersatz für unser Gehör, dem wir weder den Druck des Wassers noch den Schalldruck in der Tiefe zumuten können.

Die tieftauchenden Säugetiere nutzen chemische wie physikalische Möglichkeiten, die uns nur ansatzweise zur Verfügung stehen. Beim Tieftauchen atmen die Meeressäugetiere aus; sie holen nicht vorher tief Luft, wie man annehmen möchte, um lange in der Tiefe bleiben zu können. Eine bis zum Äußersten mit Luft gefüllte Lunge wäre für den Taucher hinderlich, da sie den Auftrieb verstärkt. Er müßte mehr Kraft aufwenden, in die Tiefe zu kommen. Das ist aber gar nicht das Hauptproblem. Die unverhältnismäßig größere Schwierigkeit hängt mit der Reaktion von Gasen bei hohem Druck zusammen. Ihre Löslichkeit in Blut und Körperflüssigkeit ist druckabhängig. Steigt der Druck, löst sich Gas im Blut, fällt er, tritt er wieder aus. Genau darin steckt die Gefahr, die Taucher mit Sauerstoffgeräten kennen: Tauchen sie zu schnell auf, bilden sich Gasbläschen in den Blutgefäßen. Sie können den Blutstrom unterbrechen und günstigstenfalls zu einer Art Rausch, schlimmstenfalls aber zum Tod führen.

Vor allem tieftauchende Robben sind Meister im Umgang mit diesem Problem. Wenn eine Weddellrobbe an die 600 Meter tief taucht, atmet sie vorher so fest wie möglich aus. Schon ab etwa 30 Meter Tiefe fallen die Lungenbläschen unter dem steigenden Druck, der auf die Robbe einwirkt, zusammen. Ihr Gehalt an Atemgas wird in dickwandige Kanäle abgeleitet, die zu den Bronchien führen. Darin findet kein Gasaustausch mit dem Blut mehr statt. Der steigende Druck kann daher kein Gas, insbesondere keinen Stickstoff, in das Blut pressen. Beim Auftauchen wird dementsprechend auch kein Gas in Bläschen frei, abgesehen von den Lungenbläschen, die sich wieder füllen. Auszuatmen ist also eine einfache, aber recht wirkungsvolle Methode, die Gasblasenbildung im Blut zu verhindern. Sie wird verstärkt durch den Rückgang des Herzschlags von normalen 55 bis knapp 60 Schlägen pro Minute auf nur noch 12 bis 15. Der hohe Druck in der Tiefe erschwert die Herztätigkeit, weil der Herzmuskel gegen ein Mehrfaches des normalen Blutdruckes ankämpfen muß. Auch dieser Vorgang trägt dazu bei, daß die Gefahr von Bläschenbildung im Blut gebannt wird.

Gesetzt den Fall, wir könnten dies beim Tauchen einfach auch so machen, würden wir noch immer nicht überleben können, denn wir würden dennoch ersticken: am Sauerstoffmangel. Eine chemische Leistung muß also hinzukommen. Robben und Wale haben in ihrer Muskulatur einen großen Sauerstoffspeicher in Form eines roten Farbstoffes, dem Myoglobin, das dem Roten Blutfarbstoff (Hämoglobin) recht ähnlich ist. Ihr Hauptvorrat an Sauerstoff steckt nicht in den Lungen oder im Blut, sondern bereits in der Muskulatur, wenn sie abtauchen. Außerdem können sie leicht umschalten auf einen Stoffwechsel ohne Sauerstoffverbrauch (anaerobe Energieerzeugung) durch Freisetzung von Milchsäure. Darin ähneln sie den Fischen, die im Sprint mit Hilfe der glatten Muskulatur die Höchstleistungen erbringen.

Taucht eine Robbe, so verbraucht sie bei ihrem Unterwasseraufenthalt in einer Stunde nur knapp 4 Prozent des Blutsauerstoffs. Nicht die Versorgung mit Sauerstoff verursacht also den nächsten Engpaß, sondern das Kohlendioxid, das trotz Verlagerung des Energiestoffwechsels auf Milchsäureproduktion frei wird und sich ansammelt. Die narkotisierende Wirkung würde nicht ausbleiben, gäbe es nicht auch hierfür eine Besonderheit bei den Tieftauchern: Das Blut wird beim Tieftauchen zu einem Großteil dem Gehirn zugeführt. Dieses besonders empfindliche Organ bleibt ausreichend sauerstoffversorgt, und das Kohlendioxid, das sich bei den weiterlaufenden Stoffwechselprozessen im Gehirn bildet, wird abtransportiert.

Zusammengenommen bewirken all diese Anpassungen und Umstellungen eine Verzehnfachung der Aufenthaltsdauer unter Wasser wie auch eine Verzehnfachung der Tauchtiefe. Die der Größe eines Menschen in etwa vergleichbaren Robben können gut 70 Minuten unter Wasser bleiben und den Tauchrekord des Menschen von 69 Meter auf rund 600 Meter Tiefe steigern. Daß Wale diese Leistungen noch übertreffen, hängt mit ihrer noch größeren Druckbeständigkeit und ihrem außerordentlich guten Luftaustausch beim Atmen zusammen. Während der Mensch kaum mehr als 15 Prozent seines Lungenvolumens bei einem Atemzug mit frischer Luft füllt, erzielen die Wale bis zu 90 Prozent. Damit gewinnen sie nicht nur die 6fache Sauerstoffmenge, sondern sie entledigen sich mehr als 20mal besser des Kohlendioxids, weil die verbrauchte Atemluft in feinsten Tröpfchen mit kräftigem Druck ausgestoßen wird. Bei diesem Vorgang, den wir als die Fontäne des Wals, sein Blas, kennen, löst sich das Kohlendioxid ähnlich wie in einer Sprudelflasche.

Auch Vögel tauchen – wie sind diese Luftbewohner darauf eingerichtet? Die tauchenden Vögel tun sich hinsichtlich ihrer Atmung viel leichter als die Säugetiere. Ihre Lungen arbeiten um einiges besser. Sie sind als starres, schwammiges System von Röhren entwikkelt, durch das die Luft hindurchzieht, ohne irgendwo in Bläschen, wie in der Lunge der Säugetiere, anzugelangen. Die Koppelung mit Luftsäcken, die nicht im Gasaustauch beteiligt sind, bewirkt, daß die Luft immer nur in einer Richtung strömt, wenn auch auf verschlungenen Wegen, und daß es nirgendwo zu einem Luftstau kommt. Die Lungen der Vögel können nicht zusammenfallen (kollabieren) wie die Säugerlungen. Mit nur einem Fünftel der Luftmenge erzielen sie den gleichen Ausnutzungsgrad an Sauerstoffentnahme und Kohlendioxidabfuhr. Auf gleiche Lungeninhalte bezogen, würden die Vögel entsprechend das Fünffache oder mehr an Leistung zuwege bringen.

Vögel haben außerdem von Natur aus ein weitgehend wasserdichtes Gefieder, das nur etwas besser eingefettet werden muß, wenn sich der Vogel viel auf dem Wasser oder im Wasser aufhält. Die Körperform ist strömungsgünstig, denn das muß sie auch für den Flug sein. Tauchende Vögel hatten daher wenig Veränderungen im Körperbau zu entwickeln, viel weniger als Robben oder gar die Wale.

Die am weitesten gediehenen Anpassungen finden wir bei den Pinguinen. Ihr Gefieder ist schuppenartig ausgebildet. Es erzeugt einen ähnlichen Effekt wie die Haut der Delphine. Strömungswirbel reißen leicht ab und bewirken fast keine Bremsung, weil das Gefieder elastisch nachgibt. Die Lungenleistung reicht ohne weiteres aus, um ähnlich lange Tauchgänge wie bei den Meeressäugetieren zu ermöglichen. Die starke Verminderung der Federn im Flügel ließ diese zu Ruderflügeln werden, mit denen die Pinguine, wie auch ihre Parallelentwicklung auf der Nordhemisphäre, die Alken, unter Wasser fliegen. Sie benutzen die Flügel tatsächlich fast wie Flügel und nicht wie Ruder.

Durch entsprechende Drehungen verhindern sie, daß der beim Abschlag nach hinten und unten entstandene Vortrieb durch den Eigenwiderstand der Flügel beim Aufschlag wieder ausgeglichen wird. Auch das »können« sie aufgrund ihrer früheren Flugfähigkeit, die bei den Alken noch gegeben ist.

Es muß den Vögeln deshalb ungleich leichter gefallen sein, das Meer als Lebensraum zu erobern als den Säugetieren. Sogar die starke Rückwärtsverlagerung der Beine, die bei den Robben so auffällig ist, erforderte keine tiefgreifenden Umbauten im Vogelskelett. Die Beine der Vögel setzen von Natur aus schon weit hinten an, weil sie auf zwei Beinen laufen und nicht auf allen vieren. Millionenstarke Pinguinkolonien am Rande der Antarktis und vergleichbar große Ansammlungen noch flugfähiger Meeresvögel im selben Bereich sowie auf der Nordhemisphäre zeigen den außerordentlichen Erfolg der Vögel bei der Nutzung der Nahrungsquellen des Meeres. Auf Menge und Gewicht bezogen, sind es die Seevögel, die den größten Teil der gesamten Vogelwelt stellen, und nicht die Landvögel. Diese Feststellung der Übergewichtigkeit des Meeres als Lebensraum für Vögel trifft, lassen wir den Menschen außer acht, auch für die Säugetiere zu, wenngleich nicht in so großem Umfang. Denn es gibt auch riesige Säugetieransammlungen in Steppen und Savannen, die mit gewaltiger Biomasse aufwarten können oder die in erdgeschichtlich jüngster Vergangenheit noch vorhanden waren.

In einer Hinsicht unterscheiden sich aber Meeresvögel und Meeressäuger so stark, daß man gewöhnlich gar nicht auf die Idee kommt, sie zu vergleichen: Die größten und schwersten Meeresvögel sind Zwerge gegenüber den Riesensäugetieren, die im Meer leben. Der Kaiserpinguin (Aptenodytes forsteri) erreicht ein Gewicht von etwa 30 Kilogramm; nur ein Fünftel der 150 Kilogramm des größten lebenden Vogels, des Afrikanischen Straußes. Beide sind flugunfähig, so daß es nicht am Fliegen liegen kann, daß die größten Meeresvögel so klein geblieben sind. Auch fossil sind keine wesentlich anderen Größenverhältnisse nachzuweisen.

Warum blieben sogar die großen Pinguine so klein, daß sie kaum mehr als ein Zehntel des Körpergewichts einer durchschnittlichen antarktischen Robbe erreichen? Sie ernähren sich wie manche dieser in Massen vorkommenden Robben von Krillkrebsen und kleinen Fischen. Bei gleichen Ausgangsbedingungen in der Ernährung und besseren Startbedingungen für die Vögel, die weniger Umbauten in ihrem Körperbau zu vollziehen hatten als die Meeressäugetiere, blieben dennoch die Vögel in der Entwicklung hinter den Säugetieren zurück. Daß die Pinguine als Folge der Dezimierung der Walbestände zugenommen haben, enthält sicher nicht die Lösung, denn heutige Konkurrenzverhältnisse gab es zur Zeit der Evolution der Pinguine und der Meeressäuger noch nicht. Vielleicht kamen die Vögel zu spät und die Säuger hatten schon wichtige Positionen in der Nutzung der Meere eingenommen? Ein solcher Lösungsvorschlag überzeugt nur bei oberflächlicher Betrachtung des Problems. Denn es gibt genug Fälle, in denen die später angekommenen sich als die überlegeneren Stammeslinien erwiesen haben. Die Vögel blieben auch nicht »ausgesperrt« – im Gegenteil. Nach Zahl der Arten entwickelten sie erheblich mehr Anpassungsformen an die Nutzung des Meeres – und auch der Binnengewässer – als die Säugetiere.

Eine biologische Eigenschaft, die allen Vögeln ohne Ausnahme zukommt, gibt womöglich eine bessere Antwort auf die Größenfrage. Die Vögel legen Eier, die bebrütet werden müssen. Es gibt nicht einmal ansatzweise eine innere Entwicklung im Muttertier wie bei den Säugetieren. Seevögel müssen deshalb zum Brüten an Land und dort ihre Jungen auch nach dem Schlüpfen aus dem Ei mit Nahrung versorgen. Säuger tun sich in dieser Hinsicht viel leichter. Sie koppeln das Junge oder die Jungtiere vom Stadium der befruchteten Eier an den mütterlichen Organismus an und versorgen den heranwachsenden Embryo über die Plazenta. Solche Säugetiere, wie Beuteltiere oder Kloakentiere, die dieses Entwicklungsniveau nicht erreicht haben, sind auch nicht ins Meer als Lebensraum vorgedrungen. Denn auch die nachgeburtliche Versorgung der Jungen fällt den plazentalen Säugetieren unvergleichlich leichter. Die Jungtiere erhalten Milch von der Mutter, sie müssen daher nicht selbst gleich nach Nahrung suchen und es muß ihnen in der ersten Zeit auch keine Nahrung zugetragen werden.

Bei Vögeln ist das anders. Ihre Jungen schlüpfen aus den an Land bebrüteten Eiern, und dann können sie höchstens in Ufernähe von den Eltern geführt und versorgt werden. Es ist aufschlußreich, daß wir die besser an das Leben am Wasser angepaßten Jungvögel nicht bei den viel zahlreicheren Meeresvögeln, sondern bei Vögeln der Binnengewässer finden. Ein soeben aus dem Ei geschlüpftes Küken eines Sägers braucht nur zu trocknen, dann kann es bereits schwimmen und kurze Zeit danach sogar tauchen, was weder die Jungen der Pinguine noch die der Alken riskieren können. Die gleichfalls eierlegenden Meeresschildkröten müssen zur Fortpflanzung geeignete Strände aufsuchen, auch wenn sie sonst ihr ganzes Leben in der Hochsee zubringen, wo sie zu den besten Schwimmern unter den größeren Tieren zählen: Karett- oder Lederschildkröten »fliegen« beinahe im Wasser, wenn sie ihre Vorderbeine ähnlich wie die Pinguine benutzen.

Ich habe bisher nur das Schwimmen und Tauchen im Meer berücksichtigt. Aber das Meer ist nicht der einzige Großlebensraum, der vom Wasser geprägt wird, wenngleich mit Abstand der größte. Die Binnengewässer, die Flüsse und Seen, nehmen zwar kaum mehr als ein Prozent der Festlandsflächen ein, aber dennoch stecken sie voller Organismen mit besonderen Anpassungen ans Schwimmen und Tauchen. Für die großen Linien der Evolution des Schwimmens spielen die Entwicklungen im Süßwasser nur eine vergleichsweise geringe Rolle. Doch da uns gerade Arten der Binnengewässer vertrauter als Meeresbewohner sind, möchte ich einige Besonderheiten erwähnen.

Wasservögel schwimmen und tauchen mit wasserdichtem Gefieder, das nur bei einigen wenigen Arten, den Kormoranen und den ihnen nahestehenden Schlangenhalsvögeln, benetzbar ist. Diese vom Fischfang in verhältnismäßig warmen Gewässern lebenden Tauchvögel vergrößern mit der Benetzbarkeit ihres Gefieders ihr spezifisches Gewicht und vermindern somit den Auftrieb. Ein größerer Teil der beim Schwimmen und Tauchen eingesetzten Energie kommt auf diese Weise dem Vortrieb zugute. Allerdings darf das Wasser tatsächlich nicht zu kalt sein, sonst würden die Wärmeverluste die Einsparungen an Energie rasch aufzehren. Es sei denn, die Nahrung ist sehr fettreich, so daß über Stoffwechselwärme entsprechend viel Energie nachgeliefert wird. Für die Kormorane, die in kalten Meeresgebieten nach Fischen tauchen, trifft letzteres zu. Ihre mit Abstand größten Kolonien befinden sich vor der peruanischen und nordchilenischen Küste am außerordentlich fischreichen Humboldtstrom.

Alle übrigen Wasservögel halten ihr Gefieder wasserdicht. Mit Öl aus der einzigen Hautdrüse, die sie besitzen, aus der Bürzeldrüse, fetten sie das Gefieder regelmäßig ein. Auch Landvögel brauchen ein gut lufthaltendes, wärmendes und wasserabweisendes Gefieder. Der Schutz vor Nässe spielt in der Entwicklung der Feder eine zentrale Rolle. Daher können die meisten Vögel schwimmen, auch wenn sie gar nicht am Wasser leben.

Viele Wasservögel der Binnengewässer ernähren sich von Fischen. Diese Arten, beziehungsweise nahe Verwandte, trifft man deshalb auch an den Küsten. Die Binnengewässer bieten aber doch erheblich andere Lebensbedingungen als das Meer. Das hängt vor allem mit dem viel geringeren Salzgehalt des Süßwassers zusammen. Aber nicht nur. In Binnengewässern leben sehr viele Organismen, die es im Meer nicht gibt (sieht man von ein paar Ausnahmen im Küstenbereich in Seegraswiesen ab) und von Fischen oder Vögeln als Nahrung genutzt werden. Es sind dies die Wasserinsekten. Ganz grob betrachtet, nehmen sie im Süßwasser die Positionen ein, die im Meer von den Krebstieren gehalten werden.

Auch diese Insekten sind über das Land, also über einen Umweg, ins Süßwasser gekommen. Bei den stammesgeschichtlich jüngeren Zugängen, wie Wasserkäfern oder gar den Wasserschmetterlingen, läßt sich diese Abstammung von Landbewohnern noch bestens erkennen. So überzieht die Wasserkäfer eine dünne Fettschicht, die bei ihrer Käferverwandtschaft an Land das Austrocknen verhindern muß. Die ins Süßwasser vorgedrungenen Schwimmkäfer bleiben ebenfalls weitgehend oder ganz unbenetzbar. Das versetzt sie in die Lage, sich Luftvorrat zum Tauchgang mitzunehmen. Unter bestimmten Bedingungen wirkt dieser Luftvorrat sogar wie ein Gasaustauschgerät. Er entläßt ausgeatmetes Kohlendioxid ins umgebende Wasser und nimmt daraus Sauerstoff auf. Mit diesem Prinzip der »physikalischen Lunge« atmen viele kleine Wasserkäfer. Auch wasserlebende Schmetterlinge nutzen diesen selbsttätigen Gasaustausch, vor allem, wenn sie sich unter Wasser verpuppt haben.

Das Eindringen in den Lebensraum des Süßwassers setzt natürlich in erster Linie eine dafür geeignete Atmung voraus. Luftatmung ist nur eine der beiden Möglichkeiten; die andere ist die vielen Organismen eigene Kiemenatmung. Erstere wird in weitaus überwiegendem Maß von den fertig entwickelten Insekten, den fortpflanzungsfähigen Imagines, genutzt, während sich die Larvenstadien vielfach der Kiemenatmung bedienen. Beim vergleichsweise geringen Sauerstoffbedarf der Insekten sollten beide Formen der Atmung keine wesentlichen Engpässe für die Entwicklung der Fortbewegungsweisen unter Wasser sein. Doch die Fortbewegung bleibt bei Wasserinsekten hinter der Vielfalt von anderen Anpassungsformen weit zurück. Die meisten krabbeln oder kriechen, schwimmen mit kurzen, kräftigen Schlägen mit dem Schwanz oder mit den Beinen oder vermeiden es nach Möglichkeit, in die im Freiwasser herrschenden Strömungen zu gelangen. Als Meisterschwimmer gelten Schwimmkäfer wie der Gelbrand (Dytiscus marginalis). Er hat Ruderbeine, die sich im Aufschlag so verstellen können, daß die Schmalkante weniger Wasserwiderstand verursacht als beim Abschlag die breitere Ruderfläche. Doch jeder Kleinfisch übertrifft die Wasserinsekten an Schwimmleistung.

So artenreich sie auch vertreten sind, so macht sich doch sehr deutlich ein entscheidender Nachteil bemerkbar, und das ist der Bau des Insektenkörpers ohne innere Stütze und ohne kompakte Muskulatur, die daran ansetzen könnte. Wie die Krebse im Meer, von denen auch einige Gruppen in das Süßwasser vorgedrungen sind, hängt es an den Vorgegebenheiten der Körperkonstruktion, daß die Insekten nicht mehr in einem Lebensraum erreichen konnten, der ihnen fast konkurrenzlos offenstand. Die meisten von ihnen sind Futter für Fische und Wasservögel – für im Schwimmen und Tauchen weitaus überlegenere Anpassungslinien aus dem Stamm der Wirbeltiere. Sie haben nur einen »Wettbewerbsvorteil«, und das ist ihre massenhafte Fortpflanzung, die ihr Überleben sichert.

4. Kapitel
Springen

Gute Schwimmer und gute Läufer sind in aller Regel auch gute Springer. Aber nicht alle herausragenden Springer können auch gut laufen oder schwimmen. Das hängt mit drei Eigenschaften zusammen, aus denen sich das Sprungvermögen ableitet. Sprunghöhe oder Sprungweite ergeben sich aus der Kraft der Beine und der Länge der Kraftwirkung, die sogenannte Federstrecke, einerseits und dem Gewicht andererseits. Je größer das Gewicht, desto größer muß die Kraft werden, um Sprünge machen zu können. Dabei vervierfacht sich der Krafteinsatz für jede Gewichtsverdopplung. Die Grenzen der Möglichkeiten werden daher bei schweren Tieren rasch erreicht. Ein ausgewachsener Elefant kann keine Sprünge mehr machen, während ein Jungelefant gerade noch die Andeutung eines Hopsers zustandebringt.

Wiesel müssen sich dagegen beinahe Mühe geben, keine Sprünge zu machen, weil ihr langgestreckter Körper trotz der verhältnismäßig kurzen Beine wie eine Sprungfeder wirkt. Ein Hermelin mit 300 Gramm Körpergewicht kann aus dem Stand fast einen Meter hoch springen; der ebenfalls recht langgestreckt gebaute Puma bringt es auf fast 8 Meter. Er dürfte wohl der Rekordhalter für Hochsprung sein. Im Vergleich zu ihrem Körpergewicht geradezu phantastische Sprünge machen große Delphine – etwa der Große Tümmler (Tursiops truncatus). Wie mühelos schnellen sich diese Meeressäugetiere aus dem Wasser hoch und springen trotz der Nachgiebigkeit der »Unterlage« zentimetergenau. Ein Puma wird nicht einmal von einem festen Felsband aus eine vergleichbare Präzision bei einem 5-Meter-Sprung zustandebringen.

Das Gewicht allein entscheidet jedoch nicht über die Sprungfähigkeit. Der Vorteil des Delphins steckt in der kompakten Kraftübertragung beim Sprung, wobei der ganze Körper zum schnellenden Bogen wird, dessen letzte Präzision mit dem Abheben der Schwanzflosse aus dem Wasser erzielt wird. Sie liefert die geballte Ladung an Kraft, die den bis zu 400 Kilogramm schweren Tümmler aus dem Wasser schleudert. Sogar tonnenschwere Wale machen noch Sprünge beachtlicher Höhe. So schleudert sich der bis zu 7

Tonnen wiegende Schwertwal (Orcinus orca) ganz aus dem Wasser hoch, was bei einem 9 Meter langen Männchen rund 10 Meter Sprunghöhe bedeutet. Buckelwale mit 30 Tonnen Gewicht bringen es ebenfalls auf rund 10 Meter; eine schier unglaubliche Kraftentfaltung, denn sie katapultiert die 30 Tonnen Körpergewicht in Sekundenschnelle 10 Meter in die Höhe.

Aus dieser einfachen Vergleichsserie wird deutlich, daß der etwa dreieinhalb Meter lange Große Tümmler seine 400 Kilogramm geradeso 10 Meter hochwuchten kann, wie der Siebentonner Schwertwal und der 30 Tonnen wiegende Buckelwal. Die enorme Gewichtsvergrößerung entspricht im wesentlichen der Zunahme der Muskelmasse. Würde das Wasser beim Aufprall nicht nachgeben, könnten sich diese schweren Tiere nicht einmal kleinste Sprünge leisten.

Bei Weitsprüngen wirkt sich der Körperbau noch stärker als bei Hochsprüngen aus. Beim Hochsprung leistet, wie das Beispiel der Wale zeigt, die Muskelmasse den Hauptteil. Beim Weitsprung verbindet sie sich mit der Federstrecke, also mit kraftunabhängigen Baumerkmalen der zum Sprung eingesetzten Gliedmaßen und dem Körper. Bei etwa gleicher Sprungkraft ist jener Weitspringer im Vorteil, der die längeren Beine hat. Wir kennen dies. Weitspringer im Leistungssport sind langbeinig. Weitspringer im Tierreich auch, aber sie haben oft auch einen langgestreckten Körper.

So springen Löwe und Tiger 4 bis 5 Meter weit, während die viel kleineren, aber gestreckter gebauten Schneeleoparden (Panthera uncia) und die Pumas (Felis concolor) mit dem halben Körpergewicht oder sogar noch weniger 12 bis 15 Meter weit springen, also rund dreimal so weit wie die viel kräftigeren Löwen und Tiger. Sie können im Sprung den ganzen Körper als Sprungfeder benutzen. Mit 15 Meter Weite hält der Schneeleopard den Rekord, knapp gefolgt vom Puma. Aber auf den nächsten Plätzen folgen noch nicht die so eindrucksvollen Springer wie Gazellen oder Antilopen, auch nicht die Hirsche, die bis 11 Meter Weite erreichen, sondern das Rote und das Graue Riesenkänguruh mit 12 Metern. Spitzenwerte sollen sogar bei 13,5 Meter liegen. Sie würden dann nur noch vom Schneeleoparden übertroffen. Da die großen Känguruhs zweibeinig springen und nicht mit allen vieren wie die Katzen und Gazellen, die Hirsche oder die anderen größeren Säugetiere, sollten sie eigentlich als die besten Springer gelten. Die Känguruhs und ein paar Nagergruppen wie die Wüstenspringmäuse (Jaculus jaculus) benutzen das Hüpfen als normale Fortbewegungsweise. Aus welchen Gründen, wird noch ausführlicher behandelt.

Zunächst bleiben wir bei den Sprungweiten. Sie sind eindrucksvoll genug, um sich näher mit ihnen zu befassen. Die Zweibeiner leisten, bezogen auf ihre Körpergröße, dabei mehr als die Vierbeiner. So schaffen große Hirsche zwar über 10 Meter Sprungweite, aber die Springhasen aus dem südlichen Afrika tun es ihnen mit 10 Metern gleich, obwohl sie nur Größe und Körpergewicht eines Hasen zum Sprung einsetzen können. Eine Springmaus, die ebenfalls zweibeinig hüpft, überholt mit gut 4 Metern Sprungweite glatt ein Löwenmännchen, zumal wenn ihr eine Serie von Sprüngen erlaubt ist. Mit fast 2 Meter Weite schneidet ein mitteleuropäischer Springfrosch (Rana dalmatina) auch nicht schlecht ab. Dabei ist er kaum 10 Zentimeter lang und hinsichtlich der Leistungsfähigkeit seiner Beinmuskeln von der Umgebungstemperatur abhängig. Auf den Ästen südostasiatischer Regenwälder abfedernd, schnellen sich Gibbons (Hylobates) hangelnd bis zu 12 Meter weit von Baum zu Baum, wobei das Schleudern der Äste als Kraftwirkung mit einbezogen werden muß. Gut über einen Meter weit springen unsere Laubfrösche (Hyla arborea) und ihre zumeist tropischen und subtropischen Verwandten. Der Mensch schafft an die 9 Meter. Er ist ebenfalls Zweibeiner und als solcher in der Tat besser zum Weitsprung geeignet als Vierbeiner.

Wenn diese abspringen, müssen alle vier Beine praktisch gleichzeitig vom Boden abheben. Das schränkt die Sprungweite ein, weil sich die Wirbelsäule dabei sehr stark krümmen muß. Die äußerst beweglichen Katzen leisten deshalb die weiteren Sprünge als die von den Längenverhältnissen an den Beinen besser zum Weitsprung geeigneten Hirsche oder Antilopen. Diese können ihren Rücken nicht so stark krümmen. Für die Sprungweite ist es auch günstig, wenn der Schwerpunkt des Körpers schnell unter die Hauptschubrichtung gelangt. Bei zweibeinigem Springen stellt sich dieser Zustand ganz von selbst ein. Nicht so beim vierbeinigen Sprung, bei dem sich der Körper nicht so weit aufrichten darf, sonst würden die Vorderbeine zu weit abheben und die Stabilität der Sprunglage beeinträchtigt sein.

Als Gegenmaßnahme dienen lange Schwänze. Sie steuern nicht nur, sondern verhindern auch, daß im vierbeinigen Sprung der Körper in eine falsche Lage kommt. Der Schneeleopard hat von allen größeren Katzen den längsten und rundlich-buschigsten Schwanz.

Auch die Känguruhs benutzen den Schwanz zum Ausgleich beim Sprung, aber zwingend nötig wäre er, ginge es nur um das Springen, nicht. Das zeigen die Frösche, wie auch der Mensch. Nur bei entsprechend groß ausgebildetem Schwanz können die Vorderbeine schwächer werden und von der Beteiligung beim Sprung unter Umständen ganz ausgeschlossen bleiben. Känguruhs hüpfen ohne Einsatz der Vorderbeine, während die schwanzlosen Gibbons die langen Arme beim Hangelspringen benutzen. Auch wir fuchteln ziemlich markant mit den Armen beim Weitsprung.

Gibt es durchgängige Gemeinsamkeiten in dieser bunten Reihe von Springern? Wo passen Pferd und Fuchs, Hase und Heupferd hinein? Eine ganz durchgängige Linie gibt es nicht, auf der sich alle Springer aufreihen lassen würden. Eine brauchbarere Reihung kommt zustande, wenn man nicht Sprungweite gegen das Körpergewicht setzt, sondern gegen die Körperlänge.

Die Zweibeiner, auch der Mensch, bilden dann eine Reihe, die mit urtümlichen, flügellosen Kleinstinsekten, den Springschwänzen, beginnt und beim Menschen endet. Springschwänze schaffen das rund 500fache ihrer Körperlänge, wenn sie bis zu 20 Zentimeter weit springen, der allbekannte Menschenfloh bringt es mit 30 bis 60 Zentimetern auf das 100- bis 200fache seiner Körpergröße. Laub- und Springfrosch liegen beim etwa 30fachen, eine große Heuschrecke beim 15fachen, eine Springmaus beim 13fachen, ein großes Känguruh beim 7- bis 10fachen der Körperlänge. Der Rennkuckuck (Geococcyx californianus) hüpft bis zum 6fachen seiner Körperlänge und der Mensch bestenfalls bis zum 5fachen. Hirsch, große Antilopen, Fuchs, Löwe und Tiger erreichen dagegen im vierfüßigen Sprung nur noch das 4,5fache beziehungsweise das 2- bis 3fache ihrer Körperlänge.

Ein Leistungsvergleich ergibt nur dann wirklich Sinn, wenn er entweder innerhalb einer Gruppe im Körpergewicht gleichartiger Arten durchgeführt wird oder wenn bei gleichem Körpergewicht Vertreter der zweibeinig und vierbeinig Springenden verglichen werden. Der 75 Kilogramm schwere menschliche Weitspringer, der knapp 9 Meter erreicht, schneidet dann gar nicht schlecht ab, weil ein gleichschwerer Rothirsch (ein Weibchen oder ein junges Männchen) ihn kaum übertreffen wird. Der Mensch springt viel besser als ein ähnlich schwerer Schimpanse, wird aber vom leichteren Riesenkänguruh weit übertroffen. Daß diese Känguruhs so ausgezeichnet weit springen können, liegt nicht nur an den außerordentlich günstigen Proportionen ihrer sehr großen Hinterbeine und einer entsprechend leistungsfähigen Muskulatur. Sie würden nicht ausreichen, die Spitzenwerte menschlicher Sprungweiten einzuholen. Bei den Känguruhs kommt hinzu, daß Energie in den elastischen Sehnen gespeichert wird, so daß nicht nur Muskelkraft, sondern Elastizität der großen Sehnen das springende Känguruh so weit schleudern.

Die Wirkung dieser Schleudersehnen tritt auch bei normalem Hüpfen ein. Wenn große Känguruhs mit menschlicher Spitzengeschwindigkeit von etwa 36 km/h hüpfen, entspricht das ihrer normalen Laufgeschwindigkeit. Ihre Spitzenwerte liegen bei 80 km/h. Sie verbrauchen dabei aber ungleich weniger Energie als ein Vierfüßer gleicher Gewichtsklasse, etwa eine Gazelle, oder der sprintende Mensch. Das elastische Schleudern, verursacht von den Sehnen in den Sprungbeinen, spart ihnen so viel Energie, daß sie stundenlang dieses Tempo von rund 40 km/h einhalten können, ohne zu ermüden. Was wie ein kurioses Hüpfen aussieht, erweist sich bei näherer Betrachtung als kraftsparende Lösung, die sogar dem Laufen überlegen ist. Für ein Känguruh ist es fast mühsamer, sich langsam rutschend fortzubewegen, weil es dabei die Federkraft überhaupt nicht nutzen könnte. Es müßte sich auf die schwachen Vorderbeine abstützen, um sich ein Stück vorwärts zu heben wie jemand, der beide Beine im Gips hat.

Allerdings schränkt die Ausnutzung der Federkraft die zweibeinige Fortbewegung auf das Hüpfen mit beiden Beinen gleichzeitig ein. Känguruhs können nicht, wie wir Menschen, zwischen schnellem zweibeinigem Lauf und weiten Sprüngen wechseln. In dieser Hinsicht sind wir auch dann bereits absolute Weltmeister, wenn es sich nicht um sonderlich gut trainierte Läufer handelt. Nur der Rennkuckuck kommt uns nahe, aber mit sehr viel niedrigeren Sprüngen, geringerer Sprungweite und einem Gewicht von eben nur einer Handvoll Vogel.

Die Kombination von Laufen und Springen, die unsere Fortbewegung auszeichnet, ist die günstigste in unwegsamerem Gelände, wo zwar weite, offene Strecken vorhanden sind, die man im Dauerlauf überwinden kann, aber wo Gräben und Löcher, Steine und Termitenbaue immer wieder plötzlich im Weg sind. In fliegendem Wechsel vom Lauf zum Sprung und wieder zurück meistern wir diese Verhältnisse mit größerer Ausdauer als die meisten anderen größeren Säugetiere. Sogar Pferde haben größere Schwierigkeiten als wir. Mögen sie auch zunächst davonspurten und uns in scheinbar hoffnungsloser Lage zurücklassen. Wir holen auf und holen ein, sofern wir einigermaßen gut trainiert sind.

Daß weite Sprünge nicht alles sind, probierten die Lurche schon lange vor unserer Zeit durch. Unter den heimischen Froschlurchen gibt es zwei Typen, die man problemlos unterscheiden kann: Frösche und Kröten. Große, kräftige Springfrösche hüpfen, wie ausgeführt, bis zu 2 Meter weit. Bei Kröten kann von einem Hüpfen kaum die Rede sein. Nehmen wir beispielsweise die einem Springfrosch in Körpermaß und Gewicht gut vergleichbare Kreuzkröte (Bufo calamita). Sie läuft mehr, als sie hüpft, und das nicht besonders schnell. Wir können uns nun einen Wettlauf zwischen dem Springfrosch und der Kreuzkröte vorstellen. Wer von beiden gewinnt? Natürlich der Springfrosch, weil er mit einem einzigen Satz schon eineinhalb bis 2 Meter weit kommt. In der gleichen Zeit ist die Kreuzkröte vielleicht 20 Zentimeter weit gelaufen. Ginge die »Rennstrecke« nur über 5 Meter, würde selbstverständlich der Frosch gewinnen. Mit vier Weitsprüngen hat er es geschafft. Müssen die beiden aber über 20 Meter kommen, dann gewinnt mit Sicherheit die Kröte. Bei knapp 10 Metern kann es zu einem Unentschieden kommen, je nachdem, in welcher Kondition der Frosch ist.

Die weiten Sprünge schafft er nämlich nur mit einer Muskelleistung, die nicht zur vollständigen Verbrennung der energieliefernden Glukose führt. Es wird Milchsäure gebildet, also anaerobe Muskelarbeit geleistet. Die Milchsäure sammelt sich an, die Muskeln ermüden, und nach einer Serie von Sprüngen ist der Frosch erledigt. Er kann nicht mehr. Seine Muskeln müssen sich erholen und die Milchsäure loswerden. Die langsame Kröte dagegen läßt ihre Muskeln unter Sauerstoffverbrauch arbeiten. Sie erzeugt keine nennenswerten Milchsäuremengen als Rückstände. Bei gleichbleibend geringer Leistung kommt sie ohne Ermüdungserscheinungen voran, holt den Frosch ein, überholt ihn und macht das Rennen – wenn die Strecke lange genug ist.

Der Frosch nutzt fürs Springen nicht die elastischen Eigenschaften sprungfederartig wirkender Beine, sondern springt mit gleichsam aufgestauter, kurzzeitig verfügbarer Muskelkraft. Sie hält nicht an. Darin unterscheiden sich die Sprünge der Frösche nachhaltig vom Hüpfen der Känguruhs und der Springmäuse. Daß diese Hüpfer ihre weiten Sprünge lange durchhalten, liegt an der Verbindung normaler Muskelkraft ohne Überlastung mit den elastischen Eigenschaften der Sprungbeine. Sie sparen dabei insbesondere auch Wasser ein; ein besonderer Überlebensfaktor unter den Bedingungen von Wüsten und Halbwüsten, in denen sie leben. Nicht ohne Grund finden wir dieses känguruhartige Hüpfen in Australiens Trockengebieten bei den Känguruhs selbst, die beileibe nicht alle so hüpfen wie die großen und die mittelgroßen Arten. Es gibt sogar baumlebende Känguruhs. Und das zweibeinige Hüpfen tritt auch bei gar nicht näher miteinander verwandten Vertretern echter Säugetiere in den Wüsten und Halbwüsten der Alten und der Neuen Welt auf.

Auch in der Evolution des Menschen spielte das Haushalten mit Wasser eine eminent wichtige Rolle. Die zweibeinige Fortbewegung, das Aufrichten des Körpers, verschaffte Überblick und bessere Fortbewegungsmöglichkeiten, aber es kostete ungleich mehr Wasser als die frühere, vielleicht den Schimpansen nicht unähnliche Fortbewegungsweise. Die um den Faktor Zehn und mehr gesteigerte Reichweite durch das zweibeinige Laufen hatte ihren Preis im Wasserbedarf und im Salzverlust, denn die Muskulatur mußte durch entsprechend starkes Schwitzen gekühlt werden. Weit- oder Hochsprung und Spitzengeschwindigkeiten im Laufen stehen in enger Verbindung miteinander. Die Entwicklung und Förderung der einen Fortbewegungsweise verbessert nebenbei in vielen Fällen auch die anderen Leistungsmöglichkeiten. Weitsprung muß nicht geübt und verbessert werden, um Gräben zu überwinden; er ergibt sich von selbst durch zunehmend schnelleren Lauf.

Ganz anders liegen die Dinge bei den Insekten, unter denen es reine Hoch- und Weitspringer ohne Verknüpfung mit schnellem Lauf gibt. Ein Floh, der sich hochschnellt und das Mehrhundertfache seiner – allerdings recht geringen – Körperlänge in der Luft zurücklegt, kann dies aufgrund speziell ausgebildeter Sprungbeine, die zu schnellem Lauf überhaupt nicht taugen. Ganz ähnlich sieht es bei den Heuschrecken aus. Gute Springer weisen sich durch mächtige Schenkel und langen Fußteil des dritten Beinpaares aus. Zum Laufen können solcherart auf das Springen eingerichtete Beine nicht mehr eingesetzt werden. Gerade die besten Springer unter den Insekten krabbeln langsam, wobei sie häufig die viel schwächer entwickelten Vorder- und Mittelbeine benutzen, weil die langen Sprungbeine im Weg sind.

Die für Insekten weitaus günstigere Kombination ist nicht Springen aus dem Lauf heraus, sondern Abflug aus dem Sprung. Sie binden das Flugvermögen an die Sprungfähigkeit an und erschweren es damit Verfolgern aller Art ganz gewaltig, ihnen nachzustellen. Auch beim Klettern wird das Sprungvermögen häufig eingesetzt. Die Insekten klettern in die Vegetation oder auf exponierte Stellen hoch und springen von dort aus weiter. In dieser Hinsicht ähneln sie im Geäst springenden Säugetieren, die in aller Regel auch gut klettern können, während viele Kleinvögel aus dem Hüpfen heraus abfliegen. Aber da hat das Hüpfen nur eine ganz geringe Bedeutung.

Hüpfen und Springen dienen den Wirbeltieren in erster Linie zum Nahrungserwerb. Der große Erfolg der Singvögel, die sich primär als Baumvögel entwickelt haben, beruht ganz wesentlich auf dieser Fähigkeit. Sie bahnte sich schon bei kleinen Kriechtieren an, die aus einem kurzen Sprung heraus Insekten fangen. Die Erschließung der äußeren Bereiche der Bäume machte ein ungleich besseres Reservoir an Insektennahrung zugänglich als alles, was am Boden erbeutet werden kann. Daß Vögel nicht von Anfang an direkt an diese Quelle von Eiweiß und Fett herangekommen sind, verstärkt die Wahrscheinlichkeit, daß das Fliegen bei ihnen aus dem Laufen heraus entstand und nicht aus dem Klettern im Geäst. Dort bringt der blitzschnelle Sprung nach Beute am meisten ein. Die Laubfrösche und ihre Verwandten machen das vor, sie brauchen die vierfüßige Landemöglichkeit. Auch wenn sie schon einen schwachen Ansatz in Richtung Bremsung beim Absturz durch ausgespannte Schwimmhäute zwischen den Zehen benutzen, bleiben diese »Flugfrösche« ein Kuriosum.

Bei den Kleinvögeln hat die Flugfähigkeit umgekehrt die Bedeutung des Hüpfens verstärkt. Es kostet weit weniger Energie als der Flug, sichert aber die Unsicherheiten des Springens perfekt ab. Kein flugfähiger Vogel braucht mehr einen Absturz zu befürchten.

Der große Vorteil des Springens liegt in seiner Kombinierbarkeit mit anderen Fortbewegungsarten. So läßt sich der Frosch am Teichufer nicht auf einen Wettlauf mit einer Kröte ein. Bei Annäherung von Gefahr springt er, wie von einer Feder katapultiert, ins Wasser, wo er sofort weiterschwimmt oder taucht. Das beidbeinige Stoßschwimmen mit ausgebreiteten Schwimmhäuten erzeugt den besten

Schub. Frösche benutzen dieselbe Art der Beinbewegung beim Stoßschwimmen wie beim Absprung vom Ufer. Die besondere Springweise vieler Frösche entstand deshalb wahrscheinlich aus dem Schwimmen heraus und entwickelte sich nicht aus dem Laufen, weil ein zweibeiniger Absprung den Lauf hemmt. Sogar wir Zweibeiner haben keine Möglichkeit, aus vollem Lauf heraus mit zwei Beinen gleichzeitig abzuspringen. Wir ziehen, um mit beiden Füßen gleichzeitig aufzusetzen, das zweite Bein im Sprung nach. Bei den Fröschen sind die Hinterbeine viel zu spezialisiert, als daß sich ein glatter Übergang aus dem Laufen herstellen ließe. Wie der Übergang von vierfüßigem Lauf zum Springen aussieht, sehen wir an einem galoppierenden Pferd. Niemals könnte es aus dem schnellen Lauf heraus auf einen gleichzeitigen Absprung mit den Hinterbeinen umschalten.

Bei manchen afrikanischen Gazellen sehen wir zwar ein solches Springen unter bestimmten Bedingungen. Es wird bezeichnenderweise Prellsprung genannt. Dieser hochreichende, aber nicht weite Sprung wird dazu benutzt, Übersicht zu gewinnen. Im hohen Gras ist das lebenswichtig, weil häufig Feinde auf der Lauer liegen oder sich anschleichen, während die anderen hetzen.

Völlig andersgeartete stammesgeschichtliche Zusammenhänge ergeben sich, wenn wir die Entstehung des Sprungvermögens bei den Insekten betrachten. Springen aus schnellem Lauf heraus gibt es bei ihnen nicht, sieht man von ein paar unbedeutenden Hopsern ab, die beispielsweise Laufkäfer machen können. Das Springen ist für die meisten Insekten, die sich durch gutes Sprungvermögen auszeichnen, eine Alternative, meistens sogar ganz unmittelbar der Ersatz für das Fehlen der Flugfähigkeit. Flöhe tragen keine Flügel. Warum, das läßt sich leichter begründen, wenn wir versuchen, uns in ihre Größendimension hineinzuversetzen. Nicht die Vorstellung, daß wir über einen Kirchturm springen müßten, wenn wir so hoch springen möchten wie ein Floh, birgt einen sinnvollen Vergleich, sondern wir sollten uns vielmehr vorstellen, wir wären so klein wie ein Floh. Erst dann verstehen wir, warum das Springen so vorteilhaft ist.

Aus der Flohperspektive ist das Fell des Hundes ein dichter Wald von engstehenden Stämmen; schier undurchdringlich wie ein Bambusdschungel, nur noch viel höher. Der Körper muß flach und hart sein, damit er sich hindurchzwängen und an der passenden Stelle bohren kann. Flöhe sind seitlich stark abgeflacht und können sich somit recht gut zwischen den Haaren hindurchschieben. Dazu brauchen sie aber kräftige Hinterbeine. Aus diesen Schiebebeinen entwickelten sich die Sprungbeine, die ihnen ein schnelleres Vorankommen und eine viel einfachere Möglichkeit des Ortswechsels im dichten Fell verschafften. Sie springen einfach über diesen Dschungel aus Haaren, und wenn der Landeplatz nicht geeignet ist, springen sie wieder. Hätten die Flöhe Flügel, wären diese unter solchen Bedingungen nur hinderlich. Sie würden hängenbleiben und sehr leicht zerreißen. Das sich verbessernde Sprungvermögen machte die Flügel entbehrlich; sie wurden völlig zurückgebildet.

Wenn sich die Flohlarven entwickelt haben, verpuppen sie sich, und der ausgeschlüpfte Floh wartet, bis ein passender Wirt vorüberkommt. Ein Sprung, vielleicht auch ein paar Sprünge, dann ist er auf seinem Nahrungslieferanten. Der außerordentlich hohe Nährwert des Blutes, das fast rückstandsfrei verbrannt werden kann und alles enthält, was der Floh braucht, rechtfertigt die mit dieser Entwicklung verbundenen Verluste an Fortbewegungsmöglichkeiten. Es können bei der Qualität der Blutnahrung so schnell und so viele Eier produziert werden, daß Ausfälle leicht ausgeglichen werden, die entstehen, weil die Wirte nicht rechtzeitig an die Stelle zurückkehren, an der sich die Flohlarven entwickelt haben. Tiere, die Nester oder Höhlen bewohnen, eignen sich als Flohwirte besonders gut, weil sie sehr verläßlich an diese ganz bestimmten Plätze zurückkommen. Flöhe brauchen nicht zu ihren Wirten zu fliegen.

Anders verhält es sich, wenn es die Blutsauger mit unstet umherwandernden Arten zu tun haben, zum Beispiel mit Hirschen und Rehen. Deren Blutsauger kommen in der Hauptsache aus der Familie der Lausfliegen. Diese flach gebauten Fliegen haben, wenn sie aus den Puppen schlüpfen, noch Flügel. Sie fliegen umher und landen im Spätsommer mitunter auch auf Menschen, die im Wald spazierengehen. Haben sie einen Hirsch mit Erfolg angeflogen, werfen sie ihre Flügel ab und kriechen ins Fell hinein. Sie brauchen die Flügel nun nicht mehr. Da sich die Huftiere nicht gut kratzen können, sind sie in ihrem Fell ziemlich sicher. Die Flöhe müssen dagegen ausweichen, wenn sich Vögel oder Säugetiere kratzen. Sie entziehen sich dieser Gefahr zumeist recht erfolgreich durch ihren Hochsprung. Lausfliegen könnten ohne die Flugfähigkeit ihre Wirte nicht erreichen. Flöhe können auf sie warten.

Die Flügellosigkeit bringt noch einen weiteren Vorteil mit sich: Der Körper kann sehr flach werden, weil kein Raum für die Flugmuskeln benötigt wird. Die Muskulatur für die Sprungbeine steckt an anderer Stelle. Daß sie größer ausfallen muß, bedeutet kein Mehr an Muskeln, weil dafür Muskelmasse eingespart wird, die für die Flugmuskeln gebraucht würde.

Die Rückbildung der Flugmuskulatur ist gar kein so aufwendiger Vorgang, weil das Flugvermögen in der Entwicklung aller flugfähigen Insekten erst ganz am Ende, beim Erreichen der Fortpflanzungsfähigkeit, ausgebildet wird. Die Springschwänze, die zu den Urinsekten gehören, haben noch gar keine Flügel. Sie springen mit einer Schwanzgabel. Überspringen wir die vielen anderen, entwicklungsgeschichtlich dazwischenliegenden Insektengruppen und werfen wir statt dessen noch einen Blick auf die Entwicklung der bekanntesten Springer aus der Insektenwelt, auf die Heuschrekken.

Sie befinden sich in einer durchaus den Flöhen vergleichbaren Lage, wenn sie sich im Halm- und Blätterdschungel der Wiese fortbewegen. Eine kleine Heuschrecke müßte den Grashalm, auf dem sie sitzt, hinunterklettern, um am Boden oder an einer Stelle, an der ein anderer Halm kreuzt, auf den nächsten überzuwechseln. Wäre sie dann nach oben gekrabbelt, würde sie vielleicht feststellen müssen, daß der Platz nicht geeignet ist. Die ganze Prozedur müßte unablässig wiederholt werden: rauf und runter, rauf und runter. Ein kleiner Sprung genügt, den Ortswechsel vorzunehmen. Der aufwendigere Sprung verkürzt den Bewegungsablauf ganz gewaltig. An die Stelle eines Laufes, der über einen vollen Meter geht, tritt der kurze Sprung – eine einzige Bewegung. Der Vorteil liegt auf der Hand, zumal wenn erst das fertig entwickelte Individuum einsatzfähige Flügel hat. Manche Heuschrecken haben diese Flügel zurückgebildet, so gut kommen sie mit ihrem Sprungvermögen aus.

In dieselbe Richtung ging eine andere Entwicklung bei den Käfern. Eine Gruppe von Blattkäfern, Blattflöhe genannt, zeichnet sich durch ein flohähnliches Sprungvermögen aus. Diese stark gerundeten bis kugeligen Käfer entfalten ihre Flügel nicht mehr. Bei Störung oder Gefahr hüpfen sie wie Flöhe davon. Das erste Flügelpaar ist als Deckflügelpaar ausgebildet. Es ist hart und kräftig, nicht häutig, wie das zum Fliegen benutzte, zweite Flügelpaar, das unter die Flügeldecken, wie die Deckflügel dann genannt werden, eingeschlagen wird. Je besser die Deckflügel schließen, desto schwieriger wird es, die eigentlichen Flügel herauszubringen. Ein Maikäfer muß vor dem Start die Flügel erst aufpumpen. Er kommt nicht besonders schnell los, obwohl seine Deckflügel noch ziemlich einfach abgehoben werden können. Die Entwicklung des Sprungvermögens umgeht diese Schwierigkeit. Das Springen wird zum Ersatz für den Kurzstreckenflug.

Eine Gemeinsamkeit weisen all diese, für sich genommen so unterschiedlichen Beispiele auf: Sonderformen der Fortbewegung wie das Springen wurden nicht einfach »dazu« entwickelt. Sie kamen durch Kompensation zustande, wenn sich die mit jeder der Grundformen der Fortbewegung verbundenen Nachteile nicht mehr mit ihren unmittelbaren Vorzügen ausgleichen ließen. Die Kompensation verlagerte sich dann in einen anderen Bewegungsbereich und begünstigte zunächst aufwendigere, in der Bilanz aber günstigere Formen. Die andere Möglichkeit, daß gleichsam nebenbei ein gutes Sprungvermögen entsteht, weil das Laufvermögen verstärkt ausgebildet wurde, ließ keine eigenständigen Sprungformen entstehen. Floh und Heuschrecke sind, so gesehen, bessere Springer als Hirsch und Puma, weil sie mit ihrem Sprungvermögen andere Bewegungsformen nicht nur ergänzen, sondern sie ersetzen. Unter den Wirbeltieren haben daher die großen Känguruhs das Sprungvermögen am weitesten vorangetrieben.

Doch es steckt noch mehr hinter diesen Vergleichen. Sie besagen auch, daß der Gewinn an hochwertiger Nahrung weit stärkere Veränderungen im Evolutionsprozeß nach sich zieht als die Reaktion auf die Umweltgegebenheiten. Nicht Anpassung an die Umwelt hat die besten Springer, relativ und absolut, hervorgebracht, sondern die Erschließung hochwertiger Nahrungsquellen.

Dafür »lohnte« es sich, auf die Bäume zu steigen – hüpfend wie kletternd!

5. Kapitel
Klettern

Wir Menschen scheinen einen Hang zum Klettern zu haben – in konkreter wie in übertragener Bedeutung: Neue Höhen oder gar den Gipfel der Anerkennung erklimmen möchte wohl (fast) jeder, auch wenn bei weitem nicht jeder schwindelfrei ist. Um welche Motivation es sich auch immer handeln mag, Tatsache ist, daß wir Menschen recht gute Kletterer sind. Immerhin haben einige Angehörige unserer Art die höchsten Berggipfel der Welt erstiegen und sich dabei Anstrengungen auferlegt, die ans Übermenschliche grenzen. Kein anderes Lebewesen würde aus freien Stücken auf die Idee kommen, den Mount Everest zu besteigen. Wenn Steinböcke mitten im Winter die Felswände hochgehen anstatt talwärts zu wandern, hat dieses unerwartete Verhalten gute Gründe. Aber davon später.

Klettern ist Fortbewegung auf festem Untergrund, die in die dritte Dimension hinaufführt. Herunterzufallen ist dabei das Hauptproblem. Im Verlauf der Evolution des Klettervermögens dürften viele Versuche am Herunterfallen gescheitert sein. Die Schwerkraft, die uns das Klettern so schwer macht, wirkt sich ja vor allem dann aus, wenn gewisse Körpergrößen überschritten und bestimmte Körpermassen erreicht sind. Für Kleintiere ist das Klettern deshalb problemlos. Wenn die Raupe einen Zweig praktisch genauso schnell hochläuft, wie sie auf einem waagerechten Zweig laufen würde, kann sie das, weil sie so leicht ist. Sie merkt beim Laufen ihr eigenes Gewicht kaum. Die Beinchen, die ihr das Laufen ermöglichen, taugen ohne Umbau auch zum Klettern. Noch deutlicher führt uns dies eine Stubenfliege vor, wenn sie an der Zimmerdecke herumläuft. Auf die kleinen Lebewesen wirken Haftungskräfte, die wir Menschen gar nicht wahrnehmen können.

Erst ab ein paar Gramm Gewicht wirkt sich die Schwerkraft aus. Spezialisten wie die Geckos überwinden die kritische Grenze ihres Gewichts, weil sie an den verbreiterten Enden ihrer Finger und Zehen »Haftscheiben« entwickelt haben, die wie feinste Klettverschlüsse die Haftung mit der Unterlage herstellen. In den Lamellen befinden sich extrem feine, nur Tausendstelmillimeter starke, haarähnliche Horngebilde, die sowohl in die feinsten Unebenheiten der Unterlage hineingreifen, als auch eine direkte Haftung durch Adhäsionskräfte ergeben. Der große südostasiatische Tokee-Gecko (Gekko gecko) erreicht bis 35 Zentimeter Körperlänge und an die 60 Gramm. Er dürfte damit so ziemlich an der Gewichtsobergrenze liegen, was die Haftfähigkeit solcher Haftkletterer betrifft. Der südeuropäische Mauergecko, der in vielen Ferienhäusern am Mittelmeer zu finden ist, oder andere, in den Tropen und Subtropen lebende Hausgeckos werden nicht so groß. Sie erreichen meist nur 10 bis 15 Zentimeter Körperlänge.

Die Haftung am Untergrund ist so gut, daß die Geckos in jeder beliebigen Körperhaltung die Wände hoch- oder hinunterlaufen können und sich auch an der Decke zu halten vermögen, wenn diese nicht zu glatt ist. Die Haftfähigkeit an sich ist dabei gar nicht mal so verwunderlich; ihr Prinzip könnte sogar noch festere Haftung hervorrufen. Doch der Gecko muß von der Unterlage auch wieder loskommen, und das sogar recht schnell, sonst könnte er den Fliegen und anderen Insekten nicht mit Erfolg nachstellen, wenn diese abends und nachts an die erleuchteten Wände und Zimmerdecken kommen. Die Lamellenhaftung hält, das ist das Besondere an ihr, gerade so fest, daß das Tier nicht herunterfällt, bleibt aber locker genug, daß es in seiner Beweglichkeit nicht beeinträchtigt wird. Müßte der Gecko seine Zehen von der Unterlage mit einem ähnlich massiven Ruck lösen, mit dem wir einen Klettverschluß öffnen, könnte er kaum mehr als den Abflug seiner Beute feststellen.

Viele Insekten bedienen sich dieses Haftsystems. Weil sie leicht genug sind, brauchten sie keine anderen Verbesserungen an ihren Beinen. Fliegen und Spinnen und zahlreiche andere, kletternde Gliedertiere haben es nicht einmal nötig, wie die Geckos mit ihrem Körper ganz eng angeschmiegt an der Unterlage zu bleiben. Sie laufen mit abgehobenen Körper so, als ob es für sie keine Schwerkraftwirkung gäbe. Vorhanden ist sie natürlich, und sie läßt sich auch berechnen. Doch für Insekten und Spinnen ist sie, von wenigen großen und schweren Formen abgesehen, bedeutungslos.

So gut Geckos aber auch klettern und so schnell sie uns erscheinen, sie sind nicht schnell genug, um auch bei Tageslicht Beute machen oder ihren Feinden entgehen zu können. Sie müssen sich in den Schutz der späten Dämmerung und des für die meisten anderen Arten zu schwachen Restlichtes zurückziehen, das nachts noch vorhanden ist. Das elektrische Licht, dessen Anlockwirkung auf Insekten sie ausnutzen, ist natürlich eine zu moderne Erfindung, als daß sie sich evolutionär hätte auswirken können.

Weitaus effizienter als die Haftmechanik der Geckos, die nur ein bestimmtes Körpergewicht erlaubt, ist eine andere Methode. Sie eröffnet einen anderen Einstieg in das Klettern durch die Nutzung der Vertikalen. Er war gewissermaßen vorprogrammiert, als die Kriechtiere an den Spitzen der Zehen feste Krallen aus Horn entwickelten. Bei den Amphibien gab es schon Anläufe dazu, etwa bei den Krallenfröschen. Doch auch Frösche klettern in der Hauptsache nach dem Haftprinzip, wie uns das der europäische Laubfrosch vorführt. Seine Finger- und Zehenspitzen tragen die auffälligen Haftscheiben, und die feuchte Haut erleichtert zusätzlich die Haftung mit dem Untergrund. Große Laubfrösche konnten deshalb durchaus noch schwerer werden als die größten Geckos, aber selbst wenn ein 50-Gramm-Frosch noch ganz gut klettert, gibt es gewichtige Unterschiede, wenn man ihn mit einem Bären vergleicht, der auf einen Baum hinaufsteigt.

Es ist die Kralle, die es schweren Tieren, auf die die Schwerkraft nun richtig einwirkt, ermöglicht, auf Bäume zu klettern. Die nähere Verwandtschaft der Geckos aus der Gruppe der Echsen zeigt diesen entscheidenden Fortschritt in der Nutzung der dritten Dimension. Agamen, das sind Echsen, die in Körpergröße und -gewicht einem großen Gecko entsprechen, klettern auf ausreichend rauher Unterlage, auf Baumstämmen oder Felsen etwa, viel schneller als Geckos. Geradezu blitzartig sausen sie Stämme hoch und narren jeden, der sie nicht kennt und sie in seinem tropischen Ferienparadies einmal genauer aus der Nähe betrachten oder gar fangen möchte. Auch unsere europäischen Eidechsen klettern recht gut. Mauereidechsen (Podarcis muralis) flitzen auf sonnigem Gemäuer und Felsen unerreichbar schnell für Feinde herum; so schnell, daß sie dabei sogar am hellen Tag Fliegen und andere Insekten überraschen können, von denen sie sich ernähren. Feine, aber kräftige, sichelförmige Krallen an Beinen, die weit seitlich am Körper ansetzen und diesen beim Laufen nur millimeterhoch abheben, beim Ruhen aber sofort den Kontakt mit der Unterlage wiederherstellen, ermöglichen ihnen diese Art von Fortbewegung. Sie können es sich leisten, tagaktiv zu sein, weil sie schnell genug sind.

Auf eine ganz ähnliche Weise klettern kleinere Säugetiere, auch wenn ihre Beine nicht mehr so weit seitlich am Körper ansetzen. Dafür sind sie kurz, kräftig, und seitlich abspreizbar. Wenn ein Eichhörnchen einen Baumstamm hochklettert, demonstriert es diese Kletterkunst. Die Vorderbeine greifen weit seitlich nach oben, der Bauch liegt flach auf dem Stamm, wird aber bis auf den Kontakt der Haarspitzen mit der Unterlage von den nicht ganz so weit seitlich ausscherenden Hinterbeinen genügend abgehoben, daß er beim schnellen Klettern nicht an der Unterlage reibt, und der lange, buschige Schwanz ermöglicht eine Absicherung unterhalb der Hinterbeine. Beim Absprung zu einem anderen Stamm oder Ast dient er außerdem als Höhensteuer. Die Krallen sind es, die das Gewicht des Eichhörnchens tragen und die Haftung am Stamm garantieren müssen. Ihre Krümmung fällt gerade so aus, daß sie vom Gewicht des Tieres automatisch in den Untergrund gedrückt werden und darin »festhalten«, während sie sich sofort daraus wieder lösen, wenn die Bewegung aufwärts gerichtet wird.

Trotz ihrer zurückziehbaren und immer scharf gehaltenen Krallen kann eine Katze bei weitem nicht so gut klettern, weil sie den Körper zu weit vom Stamm weghalten muß. Sie greift zwar mit den Vorderbeinen seitlich nach oben aus, aber nicht mit den Hinterbeinen. Diese stemmen beim Klettern den Körper nach oben, was viel mehr Kraft kostet als das Ziehklettern der Eichhörnchen. Wirklich flinke Kletterer, wie Eichhörnchen und Siebenschläfer, erwischt eine Katze im Baum nicht.

Die Siebenschläfer (Glis glis) kombinieren Krallen- und Haftklettern. Ihre Hand- und Fußballen sind nackt und stets etwas feucht. Meterweit springen sie in der späten Dämmerung und nachts von Stamm zu Stamm oder von Ast zu Ast und nutzen dabei nicht nur den sicheren Griff der Krallen, sondern auch die bessere Haftung der nackten Hand- und Fußflächen.

Baummarder (Martes martes) und andere Arten der Mardergruppe stellen diesen kletternden Kleinsäugern im Geäst nach. Sie sind entsprechend schlank gebaute, kurzbeinige und langschwänzige Kletterer, die an Geschwindigkeit und Wendigkeit tatsächlich an Eichhörnchen herankommen. Häufiger machen sie aber leichtere Beute, indem sie Nester ausnehmen oder (winter-)schlafende Tiere überraschen. Die wilde Jagd durchs Geäst ist immer mit dem Risiko des Absturzes verbunden. Bei Eichhörnchen bremst bei weit ausgespannten Beinen der flache Körper mit dem buschigen

Schwanz den Fall. Marder fallen schneller und landen wegen ihrer kurzen Beine fast ungebremst auf dem Bauch. Katzen drehen sich im Fall so, daß sie, gleich aus welcher Haltung heraus sie herunterfallen, auf allen vier Beinen landen. Abstürze aus nur wenigen Metern Höhe, die nicht von weichem Untergrund, wie Moos im Wald oder Gebüsch, gebremst werden, sind für Katzen gefährlicher als der Fall aus größerer Höhe, bei dem sie den Körper noch rechtzeitig vor dem Aufprall in die richtige Position bringen können.

Die größeren Säugetiere vermeiden im Prinzip das Herunterfallen. Schon für Luchse (Lynx lynx) ist ein Absturz problematisch, es sei denn, sie können den Fall in einen Sprung verwandeln. Dann überstehen sie den Absturz aus 5 bis 6 Meter Höhe. Wenn aber schwergewichtige Bären in Bäume klettern, dann ist für sie äußerste Vorsicht geboten, allenfalls eine dicke Speckschicht dämpft den Fall. Nur so außerordentlich attraktive Nahrung wie der Honig wilder Bienen, der sich oben in einem Loch im Stamm oder in einem dicken Ast befindet, oder von Trappern zum Trocknen auf Bäume gehängtes Fleisch verleiten sie zu riskantem Klettern. Ein größeres Nagetier, der Baumstachler oder Urson (Erethizon dorsatum), klettert in den Wäldern Nordamerikas trotz seines verhältnismäßig großen Gewichtes von 5 bis 7 Kilogramm in die Bäume und verzehrt dort nährstoffreiche Rinde und Knospen. Seine Stacheln schützen ihn wirkungsvoll vor Feinden. Außerdem bleibt er weitgehend nachtaktiv. Im Extremfall werden Baumstachler bis 18 Kilogramm schwer. Sie bewegen sich dann an der äußersten Grenze des zulässigen Klettergewichts.

Ein Problem haben im Prinzip alle Kletterer im Geäst, wenn sie alle vier Beine dazu einsetzen müssen. Es bleibt ihnen dann nur der Mund für das Erfassen der Nahrung oder günstigstenfalls haben sie »eine Hand frei«. Aber Hände haben nur Angehörige der Primaten. Der Kletterer muß in der Regel an drei Punkten festhalten. Nur dann ist eine stabile Lage im Raum gegeben. Arten mit reinen Kletterbeinen, die sie nicht funktionell wie Hände benutzen können, bekommen dieses Manko zu spüren. Ein Baumstachler darf sich nur ganz langsam und vorsichtig bewegen, sonst fällt er herunter. Das so flinke Eichhörnchen benutzt nur am Boden die Vorderbeine als Hände, wenn es sitzt. Dann nimmt es die Eichel oder die Nuß in beide Vorderpfoten und bearbeitet sie. Im Geäst braucht es die Vorderbeine zum Klettern und zur Absicherung des Körpers.

Die südamerikanischen Greifstachler (Coëndou) haben dies Problem gelöst: Sie halten sich auch mit ihrem Schwanz fest, den sie fast wie ein fünftes Greiforgan benutzen. Damit haben sie die beiden Vorderbeine zum Greifen nach Nahrung oder nach anderen Ästen frei. Viel besser können dies die Meister im fünfhändigen Klettern, die Klammeraffen (Ateles), und andere südamerikanische Affenarten. Bei ihnen ist der lange, dünne Schwanz als richtiger Greifschwanz mit einer handflächenartigen, haarlosen Stelle an der Spitze ausgebildet. Sie umschlingen damit nicht einfach nur einen Stamm, um sich abzusichern, sondern sie greifen gezielt zu, können sogar Gegenstände mit dem Schwanz halten und ein Stück weit transportieren. Bei der Nahrungssuche im Geäst verwenden sie hauptsächlich die Hinterbeine und den Greifschwanz zum Klettern und zur Erhaltung einer stabilen Position im Raum, während beide Hände frei sind, Nahrung zu ergreifen. Da sie zu einem wesentlichen Teil ihre Ernährung mit eiweißreichen Insekten aufbessern, die sich nicht leicht fangen lassen, ist die fünfte Hand ein ausgezeichnetes Mittel, beide Hände für gezieltes, blitzschnelles Zugreifen freizuhalten. Natürlich können die Affen mit Greifschwanz ihre Hände auch zum Pflücken von Früchten oder von frischen Blatttrieben benutzen, wie das ihre entfernteren Verwandten, die Altweltaffen auch tun. Aber diese müssen dazu gewöhnlich eine Hand zum Festhalten verwenden. Uns geht es genauso, wenn wir Äpfel oder Kirschen pflücken und nicht auf einer Leiter stehen können oder in einer Astgabel sitzen.

Die feste Auflage an mindestens drei Punkten ist das Gebot für den Kletterer im Geäst wie an der Felswand. Also dürften, wenn diese Voraussetzung allgemeingültig ist, die Vögel gar nicht klettern können. Denn sie haben nur zwei Beine; die Flügel können sie zum Klettern nicht benutzen. Zu schnell wären sie wegen der Reibung mit dem Untergrund verschlissen. Daß junge Hoazins mit Flügelkrallen im Geäst an tropisch-südamerikanischen Flußufern klettern, ist kein Gegenbeweis, sondern als große Ausnahme die Bestätigung der Regel. Dieser Vogel lebt fast wie ein Wiederkäuer von Blätternahrung, die in Gärkammern des Magens verarbeitet wird. Schnelle Insekten braucht er nicht zu erjagen – und könnte es wahrscheinlich auch gar nicht: Er ist ein zu schwacher Flieger und ein zu schlechter Kletterer.

Wenn dagegen ein Mauerläufer (Tichodroma muraria) an Felswänden im Gebirge hochklettert oder im Winter seine Kletterkunst an einer alten Burgmauer im Vorland zeigt, wird deutlich, daß es sich dabei eigentlich um eine Kombination von kleinen Sprüngen auf schrägem Fels mit kurzen schmetterlingsartigen Flugstrecken handelt. Der Mauerläufer »läuft« nicht einfach die Steilwände hoch; er erklettert sie auch nicht, sondern er fliegt kletternd an ihnen hoch.

Es ist bei ihm wie eine Notlösung, was andere Vögel tatsächlich zu meistern gelernt haben, indem sie sich an das Prinzip der drei Raumpunkte halten. Es sind dies die Spechte, die südamerikanischen Baumsteiger (Dendrocolaptiden) und die altweltlichen Baumläufer (Certhiidae, eine Familie der Singvögel). Der Stützschwanz liefert den dritten Haltepunkt, und die Füße sind auf das Klettern eingerichtet. Zwei Zehen sind nach vorne und zwei nach hinten gerichtet, nicht wie üblicherweise drei nach vorne und nur eine schwache nach hinten. Da der Schwanz nicht wie ein Bein bewegt werden kann, hüpfen diese Vögel beim Klettern. Die Bewegungen an den Stämmen wirken daher so ruckartig. Das Klettern führt nahezu ausnahmslos aufwärts; entweder direkt oder in Spiralen.

Die große Ausnahme macht der Kleiber (Sitta europaea) mit seinen Verwandten. Diese Singvögel haben weder einen Stützschwanz noch eine andere Möglichkeit, sich an drei Punkten festzuhalten. Sie laufen kopfaufwärts oder kopfabwärts wie auch seitwärts an Stämmen und Felsen. Gilt für sie der Zwang zur Befestigung an drei Raumpunkten nicht? In gewissem Maß tatsächlich nicht, weil sie verhältnismäßig leicht sind und im Falle des Fallens ja einfach davonfliegen können. Aber ihre Füße tragen lange, kräftige Zehen, die so weit klammern, daß sich der Kleiber beim Klettern mit 8 Krallen an 4 weit genug auseinanderliegenden Stellen festhalten kann. Das reicht für gewöhnlich, um ihm den Schnabel freizuhalten für das Stochern nach Nahrung in Ritzen der Rinde oder in Felsspalten.

Der eigentliche Schlüssel zum Verständnis der Tatsache, daß Hunderte von Vogelarten richtig klettern und sehr viele weitere immerhin Kletterkunststücke vollbringen können, auch wenn sie diese nicht regelmäßig zur Fortbewegung anwenden, liegt im Bau ihrer Beine. Der Verlauf der Sehnen ist so angelegt, daß jede Belastung der Beine ganz von selbst und ohne Muskelkraft die Zehen zusammenzieht und damit die Krallen in die Unterlage drückt. Vögel fallen deshalb nicht vom Ästchen, wenn sie einschlafen. Sie brauchen sich nicht nur nicht hinzulegen, sondern hätten es in Liegehaltung, einige Großvogelarten ausgeklammert, auch schwerer, wieder aufzustehen. Der besonders bei den Singvögeln und den anderen Ordnungen der Baumvögel ausgebildete Greiffuß ermöglicht also nicht nur das feste Sitzen ohne Krafteinsatz, sondern auch im weitesten Sinn das Klettern, so lange die Unterlage nicht zu steil ist. Nur Baumstämme und Felswände erfordern etwas bessere und einige zusätzliche Anpassungen wie den Stützschwanz und die beiden nach hinten gerichteten Zehen.

Das Klettern erfordert, wie diese Beispiele gezeigt haben, einige technische Voraussetzungen. Grundsätzlich ist zu fragen, worin denn die Vorteile der riskanten Kletterpartien so vieler Tiere liegen. Daß es nützlich ist, einem Raubtier zu entkommen, ist gewiß nicht der einzige Grund. Sich in die Bäume zu wagen, muß zu mehr gut sein als zur Flucht.

Was bieten Bäume eigentlich? Im Blattwerk der Kronen befindet sich zum Beispiel die Hauptmasse der Insekten – vor allem die vielen Entwicklungsstadien. Und das meiste spielt sich in den Baumkronen ab: Dort wird der Großteil der Früchte und energiereichen Samen gebildet. Wer warten muß, bis sie zu Boden fallen, hat bis dahin nichts zu fressen und muß sich mit Abfall begnügen. Frisches Obst und frische Nüsse gibt es nur oben. Wie also herankommen an diese beiden höchst attraktiven Nahrungsquellen? Mit der Entwicklung des Kletterns haben Vertreter aller Gruppen von Landwirbeltieren dieses Problem mehr oder minder gut überwunden. Nicht optimal natürlich, denn die Attraktivität als Nahrungsraum nimmt in Richtung äußerste Zweigspitzen zu, die Tragkraft der Äste für die Kletterer unglücklicherweise aber ab. Die Flieger haben einen anderen Zugang gefunden, allerdings zum Preis eines hohen Einsatzes von Energie. Für eine Lachmöwe, die im mühevollen Rüttelflug versucht, ein paar reife Kirschen vom Baum zu pflücken, ist die Beute nicht einmal ein Fünftel dessen wert, was sie einem Siebenschläfer einbringt, der nachts in die Bäume klettert und sich an den Kirschen gütlich tut. Die Kletterer schneiden deshalb gar nicht so schlecht ab, denn die geschickteren Varianten wie das Fliegen kosten unvergleichlich mehr Energie; bis zum Zehnfachen des Einsatzes, den gleichschwere Kletterer zu leisten haben.

Das ist auch der Grund dafür, daß fliegende Arten nicht von

Rinde leben, die andere Tiere von den Ästen und Zweigen abschälen. Ihr Energiegehalt ist zu gering. Sie ist nur für Kletterer interessant oder solche »Sondernutzer« wie die Biber, die sich die Bäume fällen, um an die nährstoffhaltige Rinde der Zweige heranzukommen. Der Energieeinsatz, den sie für das Durchnagen eines Pappel- oder Weidenstammes aufbringen müssen, ist für sie geringer als der Aufwand, den sie hätten, würden sie in die Kronen hochklettern. Außerdem fallen sie bei dieser Methode nicht vom Baum; schlimmstenfalls fällt dieser auf sie.

Nun aber noch zu einer Gruppe von Kletterern, die von so manchem Bergsteiger beneidet werden, weil ihnen die Fortbewegung im Fels so wenig Mühe zu machen scheint und sie offenbar ganz schwindelfrei sind. Es sind dies verhältnismäßig große Arten wie Gemse (Rupicapra rupicapra) und Steinbock (Capra ibex). Sie klettern nicht nur ausgezeichnet, was man ihren langen, eher staksigen Beinen mit den beiden Hufen gar nicht zutrauen möchte, sondern sie springen auch elegant über Fels- und Gletscherspalten, Hindernisse und eigene Artgenossen, als ob das Springen im Fels noch größeren Spaß als das Klettern machen würde. Auf der Flucht über flacheres Gelände zeigen sie außerdem ihre Schnelligkeit.

Erinnern wir uns: Schneller Lauf bedeutet in der Regel auch gutes Sprungvermögen, aber nicht unbedingt gute Kletterfähigkeit. Während Pumas hervorragend springen und spurten, sowie auch vorzüglich klettern können, ist letzteres großen Känguruhs gänzlich unmöglich. Daß Gemsen, Steinböcke und ihre Verwandten in den anderen Hochgebirgen der Erde auch so ausgezeichnete Kletterer sind, liegt an der Griffigkeit ihrer Hufe. Als Paarhufer eignen sie sich in dieser Hinsicht schon besser als Einhufer, weil die beiden Hufe abgespreizt werden können und dabei Grifffläche wie Trittsicherheit zunehmen. Sie können ihre verhältnismäßig langen Beine auch auf unterschiedliche Höhen einstellen, ohne umzukippen.

Ein ganz wichtiger Punkt ist aber ihr Körpergewicht. Es liegt in der »richtigen«, in der passenden Größenklasse, die gute Leistungen kompakter Muskulatur mit mittlerem Gewicht verbindet. Ein großes Rind wäre einfach zu schwer fürs Gebirge, wenn es im Fels klettern müßte. Für ein nur hasengroßes Tier wiederum wären die Abstände zwischen den Felsbändern zu groß; es gewinnt nicht genügend Übersicht für den nächsten Schritt oder Sprung.

Feinheiten in der Trittsicherheit, ein besonders gut entwickeltes

Sohlenpolster etwa, das Gemsen auszeichnet und ihre Trittsicherheit fördert, aber auch so banale Dinge wie geringeres Tiefensehen, weil bei Gemsen wie Steinböcken die Augen weiter seitlich am Kopf sind als beim Menschen, verbessern die Lebensmöglichkeiten im Hochgebirge. Daß wir uns mitunter so schwer tun, nicht schwindelig zu werden, hängt auch mit unserer Augenstellung zusammen. Wir erfassen die Tiefe viel besser, weil unsere Augen auf tiefenscharfes Sehen eingerichtet sind.

Den Drang zu den Gipfeln erklären solche Zusammenhänge natürlich nicht. Er hat bei Gemse und Steinbock ganz andere Gründe: Sie haben mit Nahrung und Wärmhaushalt zu tun. Die Flora des Hochgebirges ist gewiß nicht so üppig wie etwa im Flachland, doch sie ist sehr nähr- und mineralstoffreich. Unverwertbare Ballaststoffe machen einen geringen Teil aus, Gifte sind selten und nur auf wenige, leicht erkennbare Pflanzenarten beschränkt. Nicht ohne Grund treiben Almbauern ihre Rinder auf die Almen, ein höchst mühevolles Unterfangen. Kann sich eine solche Weidewirtschaft lohnen, wenn da oben das Gras und die Kräuter doch nur so kurz wachsen?

Aus der Sicht hochgradig subventionierter Milch- und Weidewirtschaft im Flachland, die mit Masseneinsatz von Mineraldünger eine vorher nie dagewesene Wüchsigkeit der Weiden erzeugt hat, ist die Almwirtschaft vom Aufwand her in der Tat nicht mehr rentabel. Aus der Sicht der Kühe ist sie das aber zweifellos. Die mineralstoffreichen Böden garantieren im Hochgebirge qualitativ hochwertiges Futter ganz ohne künstliche Düngung. Dieser Nahrung zogen Gemsen und Steinbock entgegen, als sie sich dem Leben im Hochgebirge anpaßten.

Daß sie im Winter mancherorts sogar bergwärts und nicht talwärts wandern und ihre Brunftzeiten sogar in die Härtezeit des Winters fallen, hat gleichfalls klar ersichtliche Gründe. An den südlichen Steilhängen wird es tagsüber viel wärmer als in den schattigen Tallagen, in denen sich die Kaltluft staut. Sie apern aus, und die Sonneneinstrahlung wirkt sich aufgrund günstigerer Einfallswinkel stärker aus. Zudem gibt es auf den ausgeaperten Flächen oder im steilen Gelände auch im Winter leichteren Zugang zur Nahrung als im tief verschneiten Bergwald. Solange die Kondition der Tiere gut ist und sie genügend Futter finden, um ihren Stoffwechsel auf vollen Touren laufen lassen zu können, geht es ihnen auch im Winter verhältnismäßig gut; so gut sogar, daß sie die Belastung der Fortpflanzung auf sich nehmen können und nicht auf wärmere Zeiten warten müssen.

So betrachtet, erscheint auch der in neuerer Zeit so sichtbare Drang vieler Menschen, im Winter ins Hochgebirge zu kommen, gar nicht so ganz unsinnig, womit nichts Positives über die Auswirkungen gesagt sein soll. Immerhin erhalten sie dort günstigere Strahlungsbedingungen als im kalten, wolkenverhangenen Tiefland.

6. Kapitel
Wühlen und Kriechen

Immer schneller, weiter und höher, das scheint der Trend der Evolution gewesen zu sein. Angesichts dessen nimmt sich das Wühlen und Kriechen mehr als ein Rückschritt denn ein Fortschritt aus. Aber das ist nur eine Frage des Blickwinkels. Langsamkeit verlängert das Leben, und wer im sicheren Tunnel sitzt, kann über sich getrost die Stürme toben lassen. Denen, um die es hier geht, sind solche Überlegungen natürlich völlig gleichgültig. Sie sind so geworden, wie sie sind. Warum sie so wurden, das wollen nur wir Menschen wissen. Wer mir bis hierher gefolgt ist, erwartet vielleicht einige verblüffende Begründungen für den Vorteil, als Wurm oder Maulwurf zu leben, sich in den Boden hineinzuwühlen oder ehedem vorhandene Beine aufzugeben, um an ihrer Statt auf den Rippen zu laufen. Ich habe meine Leser inzwischen damit vertraut gemacht, daß der Fortschritt in der Evolution nicht geradeaus verläuft, sondern um eine oder gleich mehrere Ecken kommt und daß eben die Entwicklung immer weiterläuft und nicht stehenbleibt.

Nehmen wir uns einen der Wühler vor. Sein wissenschaftlicher Name ist so unverständlich, wie sein Aussehen ungewöhnlich ist: Heterocephalus glaber, der Nacktmull. Es handelt sich dabei um einen knapp 10 Zentimeter langen, etwa 40 Gramm schweren Nager aus der Gruppe der Stachelschweinverwandten, der in vieler Hinsicht fast perfekt ist, das Aussehen ausgenommen – dies ist aber mehr nur ein ästhetischer Gesichtspunkt. Man muß auch ein kenntnisreicher Zoologe sein oder tiefes Vertrauen zur Richtigkeit der Systematik haben, um zu glauben, daß das mit der Stachelschweinverwandtschaft so stimmen kann. Denn der Nacktmull ist bis auf ein paar Tasthaare am Körper völlig nackt. Daß seine Haut dabei nicht jene elastische Glätte aufweist wie die der Delphine, sondern mehr der eines Walrosses entspricht, verstärkt den Eindruck von Häßlichkeit, dem man sich kaum entziehen kann.

Die Nacktmulle kommen in den ostafrikanischen Savannen vom Horn von Afrika bis Tansania vor, und hätten sie nicht eine so absonderliche Lebensweise, würden sich wahrscheinlich nicht einmal Zoologen für sie interessieren. Diese Wühler leben in Gemeinschaften, die in der Regel 20 bis 30 Tiere umfassen. Sie werden vom einzigen Weibchen beherrscht, das sich fortpflanzt und (von den Zoologen) »Königin« genannt wird. Die übrigen bilden, wenn sie mit rund drei Monaten alt genug geworden sind, die »Arbeiterkaste«, deren Aufgabe darin besteht, die unterirdischen Gangsysteme instand zu halten oder neue Gänge anzulegen. Sie schaffen auch Nahrung für die im Nest lebende Königin heran sowie für die ein oder zwei Männchen, die nicht arbeiten. Während die Königin über 50 Gramm schwer werden kann, bringen es die Arbeiter nur auf gut 30 Gramm Gewicht. Das Gewicht der Männchen liegt dazwischen.

Soweit in ganz groben Zügen die Sozialstruktur des Nacktmulls, die sich in vielen Punkten mehr mit den Verhältnissen bei staatenbildenden Insekten als mit Nagetiergesellschaften vergleichen läßt. Hat ihr Leben auch Vorzüge, abgesehen davon, daß die Königin nicht arbeitet und keine Nahrung zu beschaffen hat? Diese »Vorzüge« sind, das sei zugestanden, nicht sehr eindrucksvoll.

Nacktmulle leben unter außerordentlich konstanten Bedingungen. In ihren Gängen herrscht eine Temperatur von 32 Grad bei Außentemperaturen zwischen 20 und 34 Grad Celsius. Ihre eigene Körpertemperatur bewegt sich ebenfalls um 32 Grad Celsius. Sie liegt damit genau so hoch wie die Wärme der Umgebung. Für einen mäßigen Stoffwechsel reicht das. Nacktmulle müssen ihre Körper nicht zusätzlich »heizen« wie die allermeisten Säugetiere. Bei einer beständig hohen Luftfeuchtigkeit von etwa 90 Prozent verlieren sie auch kein Wasser und brauchen nicht zu trinken. Der Wassergehalt der Nahrung, stärkereiche Wurzeln und Knollen, reicht für die Versorgung aus. Die vom einen fortpflanzungsfähigen Weibchen strikt kontrollierte Vermehrung verhindert eine Übervölkerung ihrer unterirdischen Wohnanlage. Da ihre Augen sehr stark zurückgebildet sind, haben sie keinen Bedarf an Licht. Feinde haben sie offenbar keine. Ihr Leben spielt sich unter sehr gleichförmigen Bedingungen ab.

Nun haben wir ganz andere Vorstellungen von einem lebenswerten Leben, aber unser Maßstab interessiert die Nacktmulle nicht. Dennoch möchten wir wissen, was die Nacktmulle von so einer Lebensweise haben. Nicht viel offenbar, außer daß sie damit überleben. Ihr Beispiel hat nicht Schule gemacht, und ihr Lebensstil läßt sich bei den anderen im Boden grabenden oder in unterirdischen Gangsystemen lebenden Wirbeltieren nicht wiederfinden.

Dafür um so ausgeprägter bei Insekten. Ameisenkolonien, besser noch die Staaten von Termiten, leben auf diese Weise. Nur sind das eben keine »hochentwickelten« Wirbeltiere. Termiten graben fast ausnahmslos unterirdische Gangsysteme, dringen damit in Holz und andere Pflanzenstoffe vor. Ihre Gefährlichkeit ist bekannt: Sie können durch Ausminieren der Balken und Bodenbretter Häuser zum Einsturz bringen.

Ameisen und Termiten stellen in tropischen Wäldern und Savannen weit mehr Biomasse tierischer Art als alle übrigen Tiere zusammen, die Säugetiere einschlossen. Ausgedehnte Landschaften, die weit größer als Europa sind, werden von der Tätigkeit der Termiten geprägt. Es wäre deshalb nicht gerechtfertigt, diesen Lebensstil geringschätzig abzutun, nur weil wir ihn nicht mögen und weil er bei Säugetieren nicht vorkommt – den Nacktmull ausgenommen! Dieser Lebensstil formt nicht nur Landschaften in den Tropen und Subtropen. Er beeinflußt sogar die Zusammensetzung der Erdatmosphäre. Methan, das Termiten freisetzen, gehört zu den wichtigsten Gasen der Luft nach Sauerstoff und Stickstoff sowie dem Kohlendioxid. Termiten liefern rund ein Viertel des Methans, das der Atmosphäre zugeführt wird. Ihre Bedeutung für den Stoffumsatz in den Böden der tropisch-subtropischen Grasländer kann gar nicht hoch genug eingeschätzt werden. Sie wirken nicht nur landschaftsgestaltend, sondern auch bodenbildend.

Diese Wirkung kann auch zahlreichen anderen grabenden und wühlenden Tieren zugeschrieben werden. Präriehunde (Cynomys-Arten) legten in Nordamerika viele Quadratkilometer große »Städte« im Boden an, den sie regelrecht umwälzten, obwohl sie kaum schwerer als ein Kilogramm werden. Kleinere Nager leisteten ähnliches in der Pampa Argentiniens. In den asiatischen Steppen sind es die Ziesel (Citellus-Arten) und die Steppenmurmeltiere sowie die Pfeifhasen (Ochotona-Arten) in den höhergelegenen Grasländern, die Böden im Lauf der Zeiten bearbeitet und umgebildet haben wie eine landwirtschaftliche Bodennutzung. Vielleicht hätten diese Steppenböden ihre natürliche Fruchtbarkeit ohne das Wühlen dieser Kleinsäuger gar nicht aufrechterhalten. Einen Abglanz massiver Wühltätigkeit kennen wir von Wiesen und Gärten aus der Tätigkeit von Maulwurf (Talpa europaea) und Wühlmäusen (Arvicola terrestris und Microtus-Arten).

Die Lebensform »Maus« drückt dieses Graben und Wühlen eigentlich aus, auch wenn es, von der Seite der Grabeffizienz her betrachtet, bessere gibt. Der Maulwurf hat speziell entwickelte Grabschaufeln mit extrem verkürzten Beinen. An die Oberfläche gebracht, tut er sich schwer, davonzulaufen. Eine Feldmaus flitzt dagegen blitzschnell davon. Daß sie mit ihren vergleichsweise zarten Beinchen solche Grableistungen vollbringt, ist erstaunlich. Mäuse vermehren sich bekanntlich sehr schnell, sofern sie günstige Nahrungsverhältnisse finden. Die Massenvermehrungen der Wühlmäuse kennt man seit den frühen Zeiten des Ackerbaus. Bis in die jüngste Vergangenheit war ihnen nicht beizukommen. Erst chemische Giftstoffe und moderne, maschinenbetriebene Landwirtschaft haben die Massenvermehrungen zurückgedrängt.

Wir brauchen also nicht einmal die fernen Tropenverhältnisse und die Termiten zu bemühen, um das Wühlen als eine höchst bedeutsame Lebensweise herauszustellen. Ein Wühler, den wir gar nicht als solchen bezeichnen würden, weil er einfach in den Boden hineingehört, ist der Regenwurm (Lumbricus terrestris). Natürlich steckt er nicht einfach im Boden, sondern durchwühlt ihn. Ohne Regenwurmgänge würde es vor allem den tiefgründigen, humusreichen Böden an der notwendigen Belüftung fehlen. Allein das Gewicht der Regenwürmer ist, gute Wiesenböden vorausgesetzt, so groß, daß es ungefähr dem Gewicht der Rinder entspricht, die sich oben vom Gras ernähren können. Da Mäuse und andere Wühler noch hinzukommen, ergibt sich tatsächlich eine Übergewichtigkeit der wühlenden Organismen. Das extreme Beispiel der Nacktmulle hatte zunächst nur die Betrachtung in eine andere Richtung gelenkt. Greifen wir sie nochmals auf. Der Nacktmull ist nicht bloß ein Kuriosum.

Warum führt dieser Wühler eine so absonderliche Lebensweise, wo doch Dutzende anderer Arten aus der Nagetierverwandtschaft einem im Grundsatz ganz normalen Säugetierlebensstil folgen, der keine Parallelen zu den Termiten zeigt? Präziser gefragt: Warum reguliert die Königin die Fortpflanzung in der Gruppe so rigide, während Feldmäuse und andere Nager gerade durch ihre explosive Vermehrung allgemein bekannt sind?

Im Lebensraum der Nacktmulle fehlen solche Kleinnager. Auch in Termitensavannen sind sie selten und bringen keine Massenvermehrungen zustande. Der entscheidende Umstand für die Abweichung beim Nacktmull, für seine termitenhafte Sozialstruktur und seine gleichfalls termitenhafte Nacktheit, liegt in der Art seiner Nahrung. Nacktmulle sind »sozial«; die ähnlich wühlenden, sich aber ganz anders ernährenden Maulwürfe sind es nicht. Wo Maulwürfe vorkommen und wo Wühlmäuse besonders häufig werden, sind die Böden voller Regenwürmer und Larven großer Insekten. Stärkereiche Wurzeln und Knollen sind also eine schmale Kost. Für die Fortpflanzung wird Eiweiß benötigt. Der Maulwurf hat im Gegensatz zum Nacktmull mit 39,4 Grad Celsius eine sehr hohe Körpertemperatur. Er lebt von eiweiß- und fettreicher Nahrung, von Regenwürmern und Engerlingen vornehmlich. Der Nacktmull hingegen muß sich mit verhältnismäßig stärkereichen Wurzeln begnügen, die sehr arm an Eiweiß sind. Für die Fortpflanzung sammeln die Mitglieder der Gruppe qualitativ ausreichende Nahrung für die Königin zusammen. Jedes Weibchen für sich allein bekäme nicht genug. Für die Bewegungsenergie stehen die Kohlenhydrate aus der stärkereichen Nahrung zur Verfügung. Bewegung allein vermittelt keine Fortpflanzung.

Hier setzt die Parallele zu den Termiten an. Auch bei diesen staatenbildenden Insekten trägt die kopfstarke, aber nicht fortpflanzungsfähige Arbeiterkaste die Stoffe zusammen, welche die Königin für die Fortpflanzung braucht. Enge Verwandtschaftsverhältnisse garantieren den Zusammenhalt der Kolonie. Auch beim Nacktmull sind die Mitglieder der Kolonie engstens untereinander verwandt. Die Hilfeleistung der Arbeiterklasse kommt dadurch im Endeffekt wieder den eigenen Genen zugute.

Feldmäuse, Hamster, Präriehunde und all die anderen Nager der außertropischen Grasländer haben solche Einschränkungen nicht nötig. Entweder liefern die Böden ohnehin genügend Regenwürmer und Insektenlarven, daß Eiweiß für die Fortpflanzung zur Verfügung steht, oder die Tiere holen sich stärke- und eiweißreiche Samen oder Früchte von der Erdoberfläche in ihre unterirdischen Baue. Die Nahrung ist so eiweiß- und mineralstoffreich, daß in schneller Folge Nachwuchs gezeugt werden kann und die Nagezähne außerdem kontinuierlich nachwachsen. Für manche Nager ist es lebensgefährlich, zu wenig zum Nagen zu haben oder zu weiche Nahrung, weil dann die ständig wachsenden Nagezähne die Nahrungsaufnahme nach und nach immer stärker beeinträchtigen würden.

Ein weiterer Vorteil kommt hinzu: Die unterirdischen Gangsysteme erschweren das Eindringen von Feinden und gleichzeitig halten sie die Temperaturverhältnisse ausgeglichen. Für kleine Säugetiere mit hohen Wärmeverlusten (wegen geringer Körpermasse) lohnt es durchaus, Energie für das Graben der Gänge aufzuwenden, weil in diesem Lebensraum wenig »geheizt« werden muß. Es kommt der günstige Tatbestand hinzu, daß die unterirdische Nahrung frei von Giftstoffen ist. Nur wenige Arten, vor allem Zwiebelpflanzen, speichern ihre Reserven in »vergifteter« Form. Oberirdische Pflanzennahrung enthält gewöhnlich in viel größerem Umfang Schutzstoffe, die Nutzer abhalten oder ihnen die Nahrungsverwertung erschweren.

Aber die unterirdische pflanzliche Nahrung ist recht einseitig. Einem Überangebot an Kohlenhydraten steht ein Mangel an Eiweißbausteinen, an Aminosäuren, gegenüber. Die im Boden lebenden Engerlinge, die Larven der Maikäfer und verwandter Arten, brauchen nicht zuletzt deshalb drei bis vier Jahre für ihre Entwicklung, weil sie so wenig Aminosäuren in ihrer Wurzelnahrung vorfinden. Mit dem Überschuß an Kohlenhydraten können sie kein Eiweiß aufbauen. Trotz der Konstanz der Temperaturen, die nicht durch winterlichen Frost unterbrochen wird, bleibt ihre Entwicklungsgeschwindigkeit gering. Die kleine Maus dagegen, die so groß ist wie ein ausgewachsener Engerling, wenn sie anfängt, selbst an Pflanzen zu knabbern, wird in ein paar Wochen selbst schon wieder Junge haben.

Fassen wir zusammen: Die Böden enthalten vor allem in gemäßigten Breiten reichlich Nahrung, und zwar sowohl für pflanzenverwertende Arten als auch für Nutzer von Kleintieren. Die tierische Biomasse, das Lebendgewicht von Organismen in den Böden kann die oberirdische erheblich übertreffen.

Aus diesem Grund mußte es auch für andere Tiere attraktiv sein, sich in den Boden hineinzuwühlen, wenngleich es mit dem Verlust von Beinen verbunden war. So bei den Schlangen. Ihre besondere Art der Fortbewegung wäre ohne den Umweg über den Boden kaum zu verstehen. Stammen sie doch mit Sicherheit von vierfüßigen Reptilien ab, weshalb sie auch folgerichtig zu den Vierfüßern, den Tetrapoden, gerechnet werden, obwohl sie funktionelle Nullfüßer sind. Die Vorläufer der Schlangen wühlten im Fallaub und im lockeren Boden. Dort suchten sie nach Nahrung, und in diesem Lebensraum entwickelte sich die eine Art ihrer Fortbewegung, das »Raupenkriechen«.

Vergleichbar einem großen Regenwurm, stößt die Kopfspitze in den Boden vor, und von da aus läuft eine langsame Welle von sich verdickenden und wieder erschlaffenden Abschnitten des schlanken Körpers nach hinten. Dadurch entsteht der Vorschub. Beine, die anfänglich das Graben unterstützt haben dürften, mußten zwangsläufig bei dieser Art von Fortbewegung in den Boden hinein hinderlich werden. Sie wurden zurückgebildet. Während »falsche Schlangen« wie die Blindschleiche (Anguis fragilis) wenigstens noch innere Reste der Gliedmaßen zeigen und ihre Zugehörigkeit zu den Echsen keine Frage ist, weisen die echten Schlangen nichts mehr davon auf. Sie haben überdies ihre Stoffwechseltätigkeit sehr stark herabgesetzt, im Gegensatz zu den Echsen können sie außerordentlich lange hungern. Große Arten brauchen oft erst nach Monaten wieder Nachschub; kleinere etwas häufiger. Aber die Nahrungsmengen bleiben gering.

Die langsame Verdauung förderte offenbar auch die Entwicklung von Giften, die viele Schlangen auszeichnen und so gefürchtet machen. Ausnahmslos handelt es sich bei den Schlangengiften um Eiweißstoffe, die von mehr oder weniger stark umgebildeten Speicheldrüsen abgesondert werden. Auch unser Speichel enthält bekanntlich verdauungsfördernde Stoffe, zum Beispiel das Ptyalin. Bei den Giftschlangen sind diese Stoffe so weit entwickelt, daß sie selbsttätig anderes Eiweiß zersetzen. Das macht ihre Giftwirkung aus. Ein Teil der Gifte lähmt die Nerventätigkeit und erleichtert der Schlange damit die Verfolgung ihrer Beute, weil diese schnell bewegungsunfähig wird. Andere wirken als Blutgifte vornehmlich zersetzend. Mit den Giften, aber auch mit hervorragend arbeitenden Spürorganen, haben die Schlangen in ihrer Entwicklungsgeschichte die Nachteile der Beinlosigkeit ziemlich gut ausgeglichen. Nur einige primitive Schlangenarten wühlen noch immer im Boden; die Mehrzahl ist wieder oberirdisch aktiv, und sie gehören zu den wirkungsvollsten Jägern unter den wechselwarmen Wirbeltieren.

Die Entwicklung einer ungleich schnelleren Fortbewegungsweise brachte manchen Schlangen Geschwindigkeiten ein, die fast nicht zu glauben sind und Angst und Schrecken verbreiten. So kann eine Grüne Mamba, eine außerordentlich giftige Schlange des mittleren und südlichen Afrika, Spurtgeschwindigkeiten bis über 30 km/h erreichen. Auch einige andere Schlangen sind so schnell, daß sie »Racer«, Raser, genannt werden. Viele Schlangen klettern auch sehr gut. Gerade das Klettern sollte ihnen besonders schwerfallen, möchte man meinen, weil ihre Körper doch so rund und glatt sind.

Die schnellere und auch zum Klettern geeignete Fortbewegungsweise der Schlangen kommt dadurch zustande, daß sie auf ihren vielen Rippen laufen. Jede Rippe drückt mit ihrem freien Ende ein wenig in den Untergrund. Feine, sehr wirkungsvolle Muskeln betätigen die Rippenbewegung und setzen sie in ein kontinuierliches Schlängelgleiten um, das eben auch sehr schnell werden kann. Einen wichtigen Beitrag leisten dazu auch die großen, quer über die Bauchseite verlaufenden Schilder, deren scharfe Kanten in jeder kleinen Unebenheit Widerstand finden. Echsen mit kleinen, rundlichen Bauchschuppen können daher nicht einmal dann so schnell wie Schlangen kriechen, wenn sie noch kleine Beine zur Fortbewegung einsetzen können. Die großen, querverlaufenden Bauchschilder und die Rippenbewegungen sind das Geheimnis der schnellen Fortbewegung der Schlangen. Sie ermöglichen ihnen auch das Klettern auf nahezu senkrechte Bäume, wenn diese genügend feine Unebenheiten am Stamm aufweisen. Es gibt Baumschlangen, die auf die äußersten Zweigspitzen hinauskriechen und daran hängende Vogelnester ausnehmen.

Die ungewöhnlichste Fortbewegung der Schlangen zeigen jedoch zweifellos die Seitenwinder heißer Wüsten. Sie heben ihren Körper flach bogenförmig vom Boden ab und flitzen dann schräg seitlich darüber hinweg. Nur die zurückbleibende Spur verrät, daß diese Schlangen, außer mit schmalen Bereichen an den Biegungen, nicht auf dem Boden aufsetzen. Sie entgehen damit tagsüber der streckenweise mörderischen Hitze an der Oberfläche des Sandes.

Schlangen schwimmen auch sehr gut, und sie können tauchen. Ihre langgestreckten Lungen und die geringe Intensität des Stoffwechsels ermöglichen ihnen sogar lange Tauchphasen. Würfelnattern (Natrix tesselata) fischen, indem sie sich unter Wasser etwa an einem Baumstumpf oder einer Mole in geeigneter Position verankern und darauf warten, daß ein Fisch passender Größe vorbeikommt. Dann schlagen sie blitzschnell zu, gerade so, als ob das Ganze an der Oberfläche stattfinden würde.

Eine artenreiche Gruppe von Schlangen hat sich sogar das Leben im Meer ermöglicht, die Seeschlangen. Der Zahl der Individuen nach gehören manche Seeschlangenarten wohl zu den häufigsten

Schlangen der Erde. Es ist bei ihnen so wie bei Meeressäugern und Seevögeln. Weil wir sie nur selten zu Gesicht bekommen, nehmen wir an, an Land würden mehr davon leben.

Einen gänzlich anderen Typ von Kriechern übergehe ich hier: die Schnecken. Ihr langsames »Laufen« auf einer Kriechsohle hängt mit Eigentümlichkeiten im Stoffwechsel zusammen, die ich erst bei der allgemeinen Betrachtung der Evolution der Fortbewegung berücksichtigen werde.

Voher sollten wir uns aber die Gewinne der Beweglichkeit noch etwas genauer betrachten. Die Fähigkeit, über Land zu wandern, durch Meere und Flüsse zu schwimmen oder über weite Strecken zu fliegen, hat der Tierwelt neue Horizonte eröffnet und sie sehr unabhängig von den örtlichen Lebensbedingungen gemacht.

7. Kapitel
Wandern

Das Wandern ist keine eigene Fortbewegungsart. Weite Distanzen lassen sich auf dem Boden laufend, in der Luft fliegend oder im Wasser schwimmend überwinden. Doch findet nicht die Fortbewegung aller Lebewesen da ihren erstaunlichsten Ausdruck, wo große Entfernungen bewältigt werden? Am geläufigsten ist uns der Vogelzug. Viele Vogelarten wandern zwischen ihren Brutgebieten und Winterquartieren hin und her. Warum tun sie das? Sie weichen damit dem Winter, der schlechten Jahreszeit, aus. Doch mit dieser Erklärung sollten wir uns nicht zufrieden geben. Sie reicht bei weitem nicht aus, das Phänomen des Vogelzuges zu begründen. Daß Vögel ziehen, ist eine durch Vogelberingung tausendfach nachgewiesene Tatsache. Daß sie die Leistungen auf dem Zug auch erbringen können, ist dagegen alles andere als selbstverständlich. Schließlich gibt es ja drei ganz verschiedene Optionen: Entweder zieht der Vogel, oder er bleibt, wo er ist, und streift nur im Nahbereich umher, oder er begibt sich gleich gar nicht in eine Region, in der es im Winter zu kalt wird oder wo der Schnee zu hoch liegt.

Die beiden ersten Möglichkeiten sind die Alternativen der Gegenwart. Manche Vögel sind sich dabei selbst noch nicht so ganz schlüssig geworden. Einige bleiben, die anderen ziehen, und diese fliegen mehr oder weniger weit, je nachdem, welche Verhältnisse der Witterung sich einstellen. »Strichvögel« nennen die Vogelkundler diese Vögel und unterscheiden sie damit von Stand- oder echten Zugvögeln. Forschungen von Wissenschaftlern des Max-Planck-Instituts für Verhaltensphysiologie, Vogelwarte Radolfzell, haben ergeben, daß die Entscheidung, ob der Vogel zieht oder im Gebiet bleibt, höchstwahrscheinlich von den Erbeigenschaften abhängt. Aus dem gleichen Nest können Jungvögel ausfliegen, von denen die einen wandern, die anderen bleiben. Kaum zu glauben: Die Vögel vererben diese Eigenschaft individuell weiter!

Erblichkeit des Zugverhaltens verweist auf die dritte Möglichkeit. Kleiden wir sie zum besseren Verständnis in eine Frage: Warum blieben die Zugvögel nicht von Anfang an in ihren Winterquartieren, wo es ihnen doch gut geht und wo sie das ganze Jahr über leben könnten?

Die Ausdrucksweise der Wissenschaft faßt diese ganz unterschiedlichen Fragestellungen in zwei Begriffe, die sich nur unzureichend in die Umgangssprache übersetzen lassen, nämlich in »proximate« und in »ultimate« Rahmenbedingungen. Gemeint ist damit folgendes: Die gegenwärtig herrschenden Bedingungen, die Einfluß auf das Zugverhalten nehmen, wirken unmittelbar, gleichsam aus nächster Nähe. Daher die Bezeichnung proximat. Die früheren Umstände, die zur Evolution des Zugverhaltens im Lauf der Zeiten geführt haben, wirken zwar immer noch, aber mehr aus der Ferne. Daher nennt man sie ultimate Faktoren. Für wissenschaftliche Fragestellungen ist eine klare Festlegung der Begriffe unerläßlich. Dieser Zwang zur Klarheit, zur Präzision, führt leider allzu oft in den wissenschaftlichen Begriffsdschungel.

Warum ich auf die beiden erwähnten Begriffe dennoch nicht verzichten kann, hat mit der notwendigen Klarstellung zu tun, daß es einen großen Unterschied macht, ob etwas auf der Basis der proximaten Faktoren erklärt wird oder unter Berücksichtigung der ultimaten Ursachen und Hintergründe. Im einen Fall erfahren wir, wie und warum beispielsweise die Neigung der Stare, im südwestlichen Deutschland zu überwintern, von der Witterung beeinflußt wird. Im anderen dagegen, warum sich der Star überhaupt in einem Klimabereich ausgebreitet hat, der keine ganzjährige Anwesenheit gestattet und ihn in weiten Teilen seines Vorkommens dazu zwingt, in ein fernes Winterquartier zu ziehen. Unter diesem Gesichtspunkt soll das Wanderverhalten der Tiere hier betrachtet werden.

Zu den Tierwanderungen gibt es genügend Literatur aller Schwierigkeitsgrade. Deshalb kann ich mich bei der Behandlung der Vogelwanderung mit kurzen Hinweisen auf die Orientierungsmechanismen begnügen, um zu zeigen, daß natürlich auch Zielfindung und Orientierung unterwegs eine wichtige Rolle spielen. Unter den evolutionären Gesichtspunkten sind sie aber keine verursachenden Mechanismen, sondern Mittel zum Zweck.

Genug der Theorie. Begeben wir uns auf die Suche nach den Hintergründen der Wanderungen. Wir haben zwei Möglichkeiten des Einstiegs: Entweder beginnen wir mit den einfacheren, aber weniger bekannten Formen der Wanderungen wie dem Zug der Rentiere, oder wir widmen uns gleich dem Vogelzug und fangen mit dem Kompliziertesten an. Ich wähle einen dritten Einstieg, weil ich ihn für den schönsten halte.

Wer im Spätsommer im Garten oder im Park den Schmetterlingen zuschaut, wie sie aus den kleinen, stark duftenden Blüten der Buddleia (Sommerflieder) Nektar trinken, wird in manchen Jahren eine Tagfalterart sehen, die durch ein leuchtend rotes Band über den Vorderflügeln auffällt, das sich über den Rand der Hinterflügel fortsetzt. Viele kennen diesen Falter: Es ist der Admiral (Pyrameis atalanta). Seine Raupen leben an Brennesseln oder Disteln. Auch wenn im Herbst Äpfel oder Birnen von den Bäumen fallen und langsam faulig werden, trifft man diesen Falter wieder an. Nicht sonderlich scheu, läßt er den Beobachter nahe genug herankommen, so daß man ihm zusehen kann, wie intensiv er mit entrolltem Rüssel am Obst saugt. Bei herbstlicher Schönwetterlage interessieren sich die Admiräle aber kaum mehr für Obst oder Blüten. Wie von einer unsichtbaren Schnur gezogen, streben sie geradlinig in schnellem Flug südwärts.

Sie nehmen auch von Artgenossen keine Notiz mehr. Nur wenn sich das Wetter verschlechtert, unterbrechen sie ihren Flug, der am späten Vormittag beginnt und bis in den frühen Nachmittag andauert. Vom norddeutschen Flachland, von den Mittelgebirgen oder wo immer sie gestartet sind, fliegen die Admiräle unbeirrt südwärts. Sie überqueren Flüsse und Städte, Autobahnen und Wälder. Sie fliegen bis zu den Alpen, hinein in die Täler und über die Pässe hinweg, immer weiter südwärts. Jenseits der Alpen angekommen, setzen sie ihren Flug fort. Sie ziehen die Küsten entlang nach Süden, bis sie irgendwo im südlichsten Griechenland, auf Sizilien oder in Spanien den Flug beenden. Sogar das Mittelmeer überqueren manche und beenden ihre Wanderung erst, wenn sie Nordafrika erreicht haben.

Hier, im Bereich der Winterregengebiete des Mittelmeerraumes, endet ihre große Wanderung im Spätherbst. Die Weibchen legen ihre Eier ab und sterben. Im Mai oder Juni des darauffolgenden Jahres entfalten und trocknen die frisch aus den Puppen geschlüpften Falter der nächsten Generation ihre Flügel und streben auf demselben Weg in umgekehrter Richtung nun nordwärts. Wieder werden die Hochgebirge überflogen, alle möglichen Hindernisse überwunden und für einen so zarten Falter schier unglaubliche Flugleistungen vollbracht, bis die Admiräle mit zerfransten und abgenutzten Flügeln einen Garten bei München, einen Waldrand am Harz oder einen Park in Berlin erreichen, um dort an passenden Futterpflanzen die Eier abzulegen. Die Nachkommen werden die über 1500 bis 2000 Kilometer führende Wanderung erneut in Angriff nehmen und so fort. Kein Admiral, der es vorziehen sollte, den Winter nördlich der Alpen durchzustehen, wird normalerweise überleben.

Flügelmarkierungen und zahlreiche Beobachter, die an den verschiedensten Stellen die Wanderungen verfolgten, haben den Nachweis erbracht, daß Schmetterlinge durchaus vergleichbare Fernflüge machen wie Zugvögel. Der Admiral steht nicht allein. Distelfalter (Pyrameis cardui) ziehen in manchen Jahren sogar in viel größeren Mengen. Stundenlang fliegen die gelbscheckigen, sehr schnellen Tagfalter an Stellen vorüber, von denen aus man den Wanderflug gut beobachten kann. Bald sind es Tausende, dann Hunderttausende, und, hochgerechnet aus den Einzelbeobachtungen, schließlich Millionen, die mit zarten Flügeln von Nordafrika bis Skandinavien fliegen. Andere, regelmäßig wandernde Schmetterlingsarten sind weniger auffällig. Vor allem die nachts fliegenden und ziehenden Schwärmer sieht man kaum jemals, obwohl sich unter ihnen die größten und kräftigsten Schmetterlinge befinden.

Sind diese echten Wanderfalter ausnahmslos auf regelmäßiges Wandern genetisch programmiert und somit den echten Zugvögeln vergleichbar, so gibt es auch die Gegenstücke zu den Teilziehern, ja sogar zu den nur zeitweise wandernden Arten, die nur bei Massenvermehrung ihr Siedlungsgebiet verlassen. In manchen Jahren wälzen sich Wolken aus Hunderttausenden von Kohlweißlingen wie Schneegestöber über die Alpenpässe und die Adriaküste entlang südwärts. Durch die viel langsamer wandernden Schwärme schießen die schnellen Distelfalter oder Admiräle hindurch, die den gleichen Südkurs genommen haben. Jahrzehntelange, regelmäßige Beobachtungen am Tag und nachts zeigten sogar, daß auch viele andere Insekten, zum Beispiel Schwebfliegen, Massenwanderungen machen. Auch bei Libellen ist das Phänomen bekannt, und seit der Antike weiß man von den die Sonne verdunkelnden Schwärmen der Wanderheuschrecken, die in vergangenen Jahrhunderten bis nach Europa kamen und hier Ernten vernichteten.

Doch vermengen wir hier zwei Formen des Wanderns nicht zu sehr. Admiral, Distelfalter und die anderen regulären Wanderfalter ziehen in den Süden, gleich ob sie ganz vereinzelt vorkommen oder sich in Mengen entwickeln konnten. Ihre Wanderung steht nicht im Zusammenhang mit örtlich zu groß gewordener Siedlungsdichte, die zum Abwandern zwingt, weil die Nahrungsgrundlagen aufgebraucht worden sind. Solche Massenwanderungen erfolgen dementsprechend nicht zielgerichtet, sondern sie passen sich den günstigsten Flugbedingungen an. Der Wind bringt die Schwärme der Wanderheuschrecken; Libellenmassen folgen den Küsten oder den Flußläufen, aber nicht einer bestimmten Himmelsrichtung.

Beides kann zusammenfallen, die Masse und die Richtung beziehungsweise das Ziel. Das sicher eindruckvollste Schauspiel in dieser Hinsicht liefert der nordamerikanische Monarchfalter (Danaus plexippus). Hunderte von Millionen dieser großen, gelb-schwarzen Tagfalter wandern im Herbst aus den Weiten Nordamerikas nach Süden und Südwesten. Immer enger wird das Band der Wanderer und immer größer ihre Menge. Unvorstellbare Faltermassen ergießen sich dann im Spätherbst in ein Hochtal in Zentralmexiko, wo die Falter dicht zusammengedrängt auf den Bäumen überwintern. Ihre Menge wird so groß, daß Äste unter dem Gewicht der Schmetterlinge abbrechen und der Boden unter Umständen knöcheltief mit Faltern bedeckt ist. Hier verbringen sie in frostfreier, aber kühler Umgebung die Wintermonate. Wenn im späten Februar die Sonne wieder stärker wärmt, werden die Monarchen munter. In Wolken erheben sie sich in die Luft und beginnen die Balzflüge. Tage oder ein paar Wochen darauf, die Weibchen sind befruchtet, starten wieder Millionen Monarchen nordwärts. Sie haben sich im Winterquartier, anders als die Distelfalter, nicht fortgepflanzt, sondern einfach nur überwintert.

Die Massenansammlungen von Monarchen im Winterquartier gehören bestimmt zu den eindrucksvollsten Naturschauspielen. Man möchte meinen, sie hätten das schon immer getan. Dieses ungewöhnliche Verhalten, das noch dazu genetisch einprogrammiert ist, hat sich aber erst neuerdings entwickelt. Die Massenwanderung der Monarchen ist ein verhältnismäßig »junges« Ereignis, das kaum mehr als ein paar Hundert Jahre alt sein kann. Denn die Raupen der Monarchen leben an Futterpflanzen aus der Familie der (giftigen) Schwalbenwurzgewächse, die sich erst seit der Besiedelung Nordamerikas durch die Weißen und die damit verbundenen Rodungen der Wälder und Anlage der Kulturlandschaft in einem solchen Umfang ausbreiten konnten, daß viele Millionen Monarchraupen davon leben. Kleinere Sammelplätze von Monarchfaltern jener Bestände, die westlich des Hauptkammes der Rocky Mountains leben, befinden sich in Kalifornien nahe der Küste. Ein sehr bekannter liegt gleich hinter dem Strand in Santa Barbara in einem Eukalyptushain. Eukalyptus kommt aus Australien. Er wurde erst vor gut 200 Jahren in Kalifornien heimisch gemacht. Das Wäldchen ist keine 80 Jahre alt.

Wahrscheinlich wanderten die Monarchen Nordamerikas ähnlich wie die Admiräle Europas seit Jahrtausenden. Aber erst die Umgestaltung der Landschaft durch den Menschen eröffnete ihnen so umfangreiche neue Räume, daß aus dem Wandern ein Massenwandern wurde.

Gilt das nicht auch für Europa? Noch zu Zeiten der Römer war Germanien, wie die Römer bezeugten, mit finsteren Wäldern bedeckt. Die lichte Stellen und sonnenbeschienene Plätze bevorzugenden Falter dürften darin, wenn überhaupt, nur in sehr geringen Mengen vorgekommen sein. Der Admiral ist keine Waldart, ebensowenig wie der Distelfalter und die meisten der anderen Wanderfalter. Erst die großen Rodungen des Mittelalters schufen die auch heute noch vorhandene Wald-Flur-Verteilung. Vor 200 Jahren war Mitteleuropa sogar noch weniger als heute bewaldet. Auf den offenen, dem Sonnenlicht voll zugänglichen Flächen konnten sich jene Pflanzen einfinden, an denen die Raupen leben. Viehhaltung und Landwirtschaft schufen gute Voraussetzungen für Disteln und stickstoffliebende Brennesseln. Auf den Feldern wurden Raps und Kohl und andere Kreuzblütler gepflanzt oder konnten sich als Akkerunkräuter breit machen. Diesen massiven Veränderungen bei der Umwandlung einer Natur- zu einer Kulturlandschaft ist es zuzuschreiben, daß heute Kohlweißlinge und Tagpfauenaugen, Kleine Füchse und jahrweise auch Admiral und Distelfalter die häufigsten Tagfalter sind, die wir beobachten können. Die Raupen der Kohlweißlinge ernähren sich von Kreuzblütlern, die der anderen vornehmlich oder fast ausschließlich von Brennesseln. Also wandern heutzutage ungleich mehr Falter über die Alpen als vor 1000 Jahren; vielleicht gab es damals noch nicht einmal regelrechte Wanderungen über dieses europäische Hochgebirge.

Diese Feststellung verstrickt uns in ein Dilemma. Die Schmetterlinge, die vor 1000 Jahren südlich der Alpen lebten, konnten nicht wissen, daß es nördlich davon nun mit einem Mal für sie günstige

Lebensbedingungen gab. Das Falterleben ist aber zu kurz und der Schmetterling nicht lernfähig genug, um aus einem zufälligen Erkundungsflug die richtigen Schlüsse gewinnen zu können. Das Wanderfalterphänomen ist nicht zuletzt deshalb so beeindruckend, weil das Wandern über die Generationen hinweg erfolgt, sieht man vom Sonderfall der Monarchen ab, bei dem tatsächlich die zum Überwinterungsplatz fliegenden Falter auch wieder mehr oder weniger weit zurückfliegen ins Fortpflanzungsgebiet.

Eine proximate, auf die unmittelbar einwirkenden Einflüsse ausgerichtete Untersuchung kommt aus diesem Grund an das Phänomen des Wanderns der Schmetterlinge nicht heran. Wir brauchen die Hinter-Gründe, die ultimaten Faktoren. Sie hängen mit eiszeitlicher und nacheiszeitlicher Klimaentwicklung und mit den vorherrschenden Windrichtungen zusammen. Während der Höhepunkte der Vereisung rückten die Klimagürtel äquatorwärts zusammen. Die heutigen Wanderbewegungen der Schmetterlinge können unter diesen Bedingungen nicht viel mehr als ein Mitwandern der Generationen mit den Jahreszeiten und den Niederschlägen gewesen sein. Die in Richtung Sommersonnenwende vorherrschend nord- und nordostwärts gerichteten Winde nahmen die Falter mit und brachten sie, nachdem die Sommergeneration absolviert war, im kurzen Herbst zu den Winterregen wieder zurück mit süd- und südwestwärts gerichteten Luftströmungen. Der Zug vieler Kleininsekten folgt heute, wie die Forschungen von Wulf Gatter ergeben haben, im wesentlichen immer noch diesem Muster.

In den Zwischeneiszeiten wie nacheiszeitlich dehnten sich die Klimazonen wieder polwärts aus. Die Wanderwege wurden länger und die Alpen oder die Pyrenäen in Europa nun zu Hindernissen, die jedoch auch von Luftmassen aus dem Süden überwunden werden. Bekanntestes Phänomen dabei ist der Föhn.

Aber nun geht es nicht einfach mehr um ein Mitwandern mit den Jahreszeiten. Im Mittelmeerraum ist ein sommertrockenes Klima entstanden, dessen Bedingungen durch die massiven Abholzungen, die der Mensch in historischer Zeit vorgenommen hat, verschärft worden sind. Die Sommer sind dort nun praktisch alljährlich sehr heiß und sehr trocken. Die Schmetterlinge haben zwei Möglichkeiten, der Sommerdürre auszuweichen. Entweder sie verfallen in eine Hitzestarre, oder sie wandern in kühlere Regionen aus. Letztere befinden sich nur nördlich der Mittelmeerzone, erstere Möglichkeit ist sehr viel schwieriger zu verwirklichen als Winterstarre. Kälte können Falter leichter überstehen als anhaltende Hitze, die sie austrocknet und die Gefahr mit sich bringt, daß die empfindlichen Eiweißstrukturen im Körper, drastisch ausgedrückt, gekocht werden. Eine starke Verminderung des Wassergehaltes im Körper schränkt dagegen bei der Überwinterung die Eisnadelbildung stark ein, ohne die Eiweißstrukturen zu zerstören. Wie wichtig das Überdauern der heißen Zeit für Schmetterlinge ist, zeigt eine andere, weniger bekannte Massenwanderung. Sie findet auf der Insel Rhodos im östlichen Mittelmeer statt. Dort suchen im Hochsommer Hunderttausende einer Bärenspinnerart, die Spanische Flagge (Callimorpha quadripunctaria), das Tal von Petaloudes auf, um in der durch einen Bach gespendeten kühlen Feuchtigkeit zu übersommern. Die Bärenspinner sind zu schlechte Flieger, als daß sie über weite Strecken wandern könnten. Sie müssen mit den örtlichen Möglichkeiten zurechtkommen.

»Zu schlechte Flieger?« Admiral und Distelfalter fliegen vorzüglich; Totenkopf- und Windenschwärmer, die beiden größten unter den europäischen Schmetterlingen, sind die kräftigsten Flieger, die an Leistung einem kleinen Vogel gleichkommen. Was für Vorbedingungen muß ein Schmetterling erfüllen, daß er Wanderfalter sein oder werden kann?

Nicht alle Arten bedienten sich der gleichen Lösungsmöglichkeit des Winter-Sommer-Problems. Die Mehrzahl wandert nicht, sondern schaltet das Eistadium, inaktive Raupen oder die Puppe dazwischen und überbrückt damit die ungünstigen (Jahres-)Zeiten. Wie längst nicht alle Vögel Zugvögel sind, so ist dies nicht anders bei den Schmetterlingen.

Hinter dem scheinbar so Gewöhnlichen stecken aber meistens die interessantesten Fragen oder gar ihre Antworten. Nehmen wir uns die Flugfähigkeit der Wanderfalter vor. Was zeichnet sie aus? Nur die großen Schwärmer haben schnittige Flügel, die fast wie die der Kolibris aussehen und arbeiten. Bei anderen Arten von Schmetterlingen sind die Flügel der wandernden vielleicht ein wenig »schnittiger«; aber die meisten sehen nicht so sehr viel anders aus als bei nicht wandernden Arten. Nehmen wir das Tagpfauenauge und den Admiral. Abgesehen vom ganz verschiedenen Zeichnungsmuster sind die Flügel im Zuschnitt ähnlich, doch wandern Pfauenaugen nur mitunter. Im Vergleich zu den Schwärmern möchte man den Flügelzuschnitt eines Tagpfauenauges wie den eines Admirals als ziemlich untauglich für weite Wanderflüge einstufen. Doch der gaukelnde Flug täuscht.

Beide Tagfalter entwickeln sogar eine etwas größere Kraft als ein Vogel, wenn man auf gleiche Gewichte umrechnet. Die Tagfalter bringen es auf 72 Newton pro Kilogramm Flugmuskelgewicht, die Kleinvögel auf nur 62 Newton, also sogar deutlich weniger. Der Flügelschnitt sagt deshalb nicht viel über die Kraftentfaltung aus; er nimmt Einfluß auf Fluggeschwindigkeit oder auf die Wendigkeit. Letztlich kommt es also auf die Menge der Flugmuskulatur an, ob überhaupt, und wenn ja, in welchem Umfang und mit welcher Reichweite Schmetterlinge zu Wanderfaltern werden können. Bei den guten Fliegern unter den Tagfaltern machen die Flugmuskeln zwischen 35 und 41 Prozent des Körpergewichts aus; bei großen Schwärmern über 50 Prozent. Schlechte Flieger haben dagegen nur Anteile von 28 bis 22 Prozent oder noch weniger.

Was nun wie eine etwas zu ausführliche Darstellung einer Selbstverständlichkeit wirken mag, enthält die Lösung des Phänomens der Schmetterlingswanderungen. Die Falter nehmen, nachdem sie aus der Puppe geschlüpft sind, keine Nahrung mehr auf, die zum Aufbau von Körpergewebe benutzt wird. Wenn sie Nektar trinken, führen sie sich Brennstoff in Form von Zucker zu, mit dem sie ihre Muskeln betreiben, nicht aber erhalten oder gar weiter aufbauen können. Das gilt genauso für die anderen Innereien und für die Eibildung. Die Weibchen müssen so gut wie alle Reservestoffe, die sie zur Eibildung benötigen, vom Raupenstadium mitgeliefert bekommen haben, das man mit Fug und Recht als das Freßstadium einstufen kann.

An der Flugmuskulatur scheiden sich die beiden ganz unterschiedlichen Strategien. Entweder wird möglichst viel in die Eibildung und damit in die unmittelbare Fortpflanzung investiert, dann kann der Anteil der Flugmuskulatur nicht hoch ausfallen. Oder es wird in diese investiert, dann geht automatisch die Zahl der Eier zurück. Schmetterlingsweibchen, die besonders viele Eier legen, fliegen kaum noch, weil ihr Körper dafür zu schwer ist. Bei zahlreichen Arten werden sogar die Flügel zurückgebildet und das Material dazu eingesetzt, die Eizahl zu erhöhen. Stummelflügelige oder flügellose Weibchen gibt es bei den Frostspannern, bei manchen Spinnern und anderen Schmetterlingen.

Die Flugfähigkeit hat daher bei den Schmetterlingen unmittelbar mit der Fortpflanzung zu tun. Sie hängt nicht nur mit dem Auffinden der Weibchen zusammen. Dazu würde es ausreichen, und die Schmetterlinge mit den flugunfähigen Weibchen bestätigen dies, wenn die Männchen allein fliegen könnten. Über den Erfolg der Fortpflanzung entscheidet nun keineswegs die Eizahl unmittelbar. Zwar haben viele Eier vielleicht auch mehr Möglichkeiten zu überleben, aber es werden sich auch unvermeidlicherweise große Verluste einstellen, wenn die Eier nicht gezielt an die günstigen Stellen gebracht werden. Die Eiablage, genauer noch, die Präzision beim Auffinden der richtigen Futterpflanze und der besten Stelle daran für das Ei, setzt bei den meisten Schmetterlingen ein ausreichend gutes Flugvermögen voraus. Nur wenn die Räupchen von sehr vielen verschiedenen Arten von Nahrung leben können oder eigene Mechanismen der Ausbreitung zur Verfügung haben, etwa feine Spinnfäden, mit deren Hilfe sie durch die Luft reiten, dann können sich die Weibchen die hohe Präzision sparen.

Diese Strategie hilft nun nichts mehr, wenn die ganze Region zeitweise unbewohnbar wird. Gezielter Wanderflug eröffnet dann die Möglichkeit zur Überbrückung der ungünstigen Zeiten und Räume. Jetzt zählt die andere Strategie mehr: Die Eizahl vermindern und dafür gute Flugmuskeln aufbauen. Die Verminderung der Eizahl wird auf diese Weise zu einer verbesserten Fortpflanzungsstrategie, die ein höheres Ausmaß überlebender Eier und geschlüpfter Raupen bedeutet als das am Platz Verharren und die möglichst große Menge von Eiern.

Schlecht schmeckende oder giftige Falter können sich dabei eine geringere Investition in die Flugmuskulatur leisten als wohlschmeckende und für Vögel oder andere Feinde attraktive Arten. Ihre Flugmuskulatur nimmt anteilmäßig eine Mittelstellung zwischen den guten und den schwachen Fliegern ein. Für die Kohlweißlinge trifft dies zu. Ein Schutzstoff aus der Kreuzblütlernahrung bewahrt sie vor allzu intensiven Nachstellungen. Die Fähigkeit, Angriffen schnell genug ausweichen zu können, genügt ihnen. Folglich sind ihre Wanderflüge, so sie welche nach Massenvermehrungen durchführen, auch viel langsamer als die der echten Wanderfalter.

Die hohen Verluste während der langen, gerade auch wegen der Unbeständigkeit der Witterungsbedingungen stets gefahrvollen

Wanderflüge werden bei den Wanderfaltern durch ein viel höheres Maß an Fortpflanzungspräzision mehr als ausgeglichen. Denn sie entgehen auch dem oftmals gerade für Schmetterlinge so gefährlichen Feinddruck der Parasiten (Schlupfwespen, Brackwespen und andere). Diese kleinen, flugschwachen Insekten können den Wanderern nicht nachfolgen. Nur wenig spezialisierte Parasiten, die fast überall vorkommen, können ihnen gefährlich werden. Die Verluste bleiben insgesamt gering, zumindest erheblich geringer als bei den nicht wandernden Arten, wenn sie während des Fluges nicht von einer Witterungskatastrophe überrascht werden.

Es konnten sich so rasch Veränderungen durchsetzen wie die Massenwanderung der Monarchen in ganz bestimmte Winterquartiere oder auch das Wandern der Admiräle und der Distelfalter in Europa, weil die Erfolge, die damit verbunden sind, so groß ausfallen. Die Verlustquoten liegen bei Insekten um Größenordnungen höher als bei Vögeln und Säugern. Deshalb können sie auch so viel schneller auf neue Bedingungen, gleich ob günstige oder ungünstige, reagieren. Der Preis für diese Anpassungsfähigkeit ist eine weit geringere individuelle Überlebenschance. Aber die Falter sind ja auch »nur« das Fortpflanzungsstadium. Jedes erfolgreiche Weibchen erzeugt gleich Dutzende, Hunderte, vielleicht sogar Tausende von Nachkommen.

Die Wanderflüge von Schmetterlingen und Zugvögeln gleichen sich in vielerlei Hinsicht. In einer Hinsicht unterscheiden sie sich aber grundlegend voneinander. Die Schmetterlinge sind nicht in der Lage, ihre Flugmuskulatur zu erhalten und durch Benutzung und entsprechende Versorgung mit Nährstoffen weiter aufzubauen. Ihre Muskeln nutzen sich mehr und mehr ab, bis sie nichts mehr leisten können. Deswegen spielt auch die Aufnahme von Nahrung für sie eine vergleichsweise geringe Rolle. Wenn die Falter Nektar trinken, tanken sie praktisch nur Brennstoff nach für den Betrieb der Muskulatur. Nur in ganz geringem Umfang gelingt es den Weibchen, Aminosäuren aus der Nahrung oder sogar das Eiweiß, welches das vom Männchen bei der Begattung übertragene Samenpaket enthält, für die Eiproduktion zu nutzen. Die aufgenommenen Stoffe werden jedoch nur als Reservestoffe im Ei abgelagert, nicht zu Geweben aufgebaut. Dazu sind die Insekten nicht in der Lage.

Bei den Wanderfaltern spielen daher die Ernährung und die Möglichkeit, über die Generationen hinweg immer ausreichend günstige

Nahrungsquellen zu erreichen, eine viel größere Rolle als bei den Zugvögeln. Diese bauen über die Nahrungsaufnahme, wie wir auch, immer wieder Muskulatur auf. Wenn sie aus dem Ei schlüpfen, sind sie alles andere als fertig. Sie wachsen jetzt erst richtig. Die volle Leistungsfähigkeit wird oft erst nach Jahren erreicht. Der aus der Puppe geschlüpfte Schmetterling ist bereits vollständig »fertig«. Er wächst nicht mehr. Und so verhält es sich bei allen Insekten, wenn sie das Fortpflanzungsstadium erreicht haben. Sie müssen von da an mit dem zurechtkommen, was sie aus den Jugendstadien mitbekommen haben. Für die Falter bedeutet dies, daß die Fettvorräte über die Flugstrecken, die Größe der Muskulatur über die Flugleistungen entscheiden. Deshalb wandern sie von Ort zu Ort gleichsam von Generation zu Generation. Oder sie benutzen Sammelplätze nur dazu, inaktiv zu bleiben und ungünstige Phasen im Jahreslauf zu überdauern, wie die Monarchen in ihrem Hochtal in Mexiko oder in den Küstenwäldchen Kaliforniens.

Bei den Zugvögeln ist das anders. Deswegen fällt die allgemeine Beschreibung ihres Wanderverhaltens auch viel schwerer. Es gibt die verschiedensten Gründe für ihr Wandern und die unterschiedlichsten Strategien. Der mit Abstand bedeutsamste Unterschied steckt in der Art und Weise der Nutzung der Winterquartiere. Zugvögel machen es dabei nicht wie die Fledermäuse, die in dieser Hinsicht den ausführlich behandelten Wanderfaltern näher kommen. Die Fledermäuse wandern zu geeigneten Überwinterungsplätzen, Höhlen zumeist. Dort verfallen sie in einen Starrezustand, den Winterschlaf, bei dem ihre Körpertemperatur fast auf den Gefrierpunkt absinkt und der Stoffwechsel auf Sparflamme läuft. So ähnlich sieht der Vorgang der Überwinterung bei den Monarchen aus, nur daß diese Schmetterlinge nicht wie die Fledermäuse ihre niedrige Körpertemperatur unter Kontrolle halten können. Sie sind nicht in der Lage, durch Nachheizen im Bedarfsfall dafür zu sorgen, daß sie nicht unter die tödliche Schwelle absinkt.

Bei den Vögeln verfallen nur Vertreter einiger weniger Gruppen in eine solche Starre, Torpor genannt. Am verbreitetsten ist Torpor bei den Kolibris, die sich wie die Wanderfalter energetisch weitgehend von den Vorgängen im Aufbaustoffwechsel abgekoppelt haben. Sie trinken große Mengen Nektar und gewinnen daraus ihre Betriebsenergie. Der im Nektar enthaltene Zucker wird aber so schnell verbrannt, daß die Kolibris etwa alle 20 bis 30 Minuten nachtanken müssen. Nachts geht das nicht, und deshalb versinken sie in den Torpor, der sie zwar unbeweglich macht, aber nicht tötet. Nach kurzzeitigem Aufwärmen sind sie morgens wieder einsatzfähig. Diese Form, ungünstigen Phasen auszuweichen, könnte man als eine Kurzzeitstrategie bezeichnen. Muß der Torpor länger anhalten, gerät der Vogel in ernstliche Schwierigkeiten, da das Stoffwechselgeschehen in seinem Körper zu aufwendig und zu kompliziert gebaut ist. Ein insektenhafter Starrezustand löst daher das Problem nicht, wenn keine leicht verbrennbaren Energieträger zur Verfügung stehen.

Bei den Fledermäusen sind dies wie bei den Wanderfaltern die Fette, die sie sich im Lauf des Sommers als Reserven zugelegt haben. Beim außerordentlich hohen Stoffwechselniveau der Kolibris bereitet die Anlage von Fettreserven offenbar ziemliche Schwierigkeiten. Sie müßten diese aus den Zuckern herstellen, die der Nektar enthält. Die Fledermäuse gewinnen das Fett aus ihrer Insektennahrung. Sie brauchen es gar nicht erst aufzubauen. Bei den Wanderfaltern stammt es aus den Reserven, die das Raupenstadium geliefert hat.

Ist genügend Fett vorhanden, gibt es grundsätzlich zwei Möglichkeiten, mit diesen Vorräten umzugehen. Die eine besteht darin, das Fett ganz langsam und kontrolliert zu verbrennen. Dann hält es das Leben auf Sparflamme. Der Körper bleibt völlig inaktiv. Das ist die Lösung der Fledermäuse, aber auch der überwinternden Pinguine, wenn sie von ihren Fettvorräten in der Eiseskälte der antarktischen Polarnacht zehren.

Die andere Möglichkeit besteht in der Nutzung der Fettreserven zu weiten Ortsveränderungen, zur Wanderung in günstigere Gebiete. Diese Möglichkeit benutzen die Wanderfalter und die Zugvögel.

Die Zugvögel sind aber, dank ihrer Fähigkeit, Muskulatur und Körperorgane durch Umbauten und Reparaturen jahrelang funktionstüchtig zu halten, in der Lage, das Wandern von der Fortpflanzung abzukoppeln. Sie fliegen nicht nach Afrika, um dort auch zu brüten, und die von dort zurückkehrenden Vögel sind dieselben, die im Herbst hingezogen sind. Daß sie das können, liegt an der Leistungsfähigkeit ihres Stoffwechsels und der entsprechend ausgebildeten Flugmuskulatur. Das ist selbstverständlich. Aber warum machen sie den Zug?

Versuchen wir kurz nachzuvollziehen, was ein Regenpfeifer aus der arktischen Tundra oder ein Fliegenschnäpper aus den nordischen Wäldern leistet, bis sie ihr Winterquartier auf Inseln in tropischen Ozeanen, an Küsten Australiens oder Südafrikas beziehungsweise in den Savannen der Sahel-Zone erreichen. Unter den Regenpfeifern sind Fernwanderer zum Beispiel Goldregenpfeifer (Pluvialis apricaria) oder Kiebitzregenpfeifer (Pluvialis squatarola). Sie brüten hoch oben in der Tundra jenseits des Polarkreises. Bengt Berg hat mit seinem Buch ›Mein Freund der Regenpfeifer‹ eine andere Art, den Mornell (Eudromias morinellus), berühmt gemacht, weil Vögel dieser hocharktischen Einöden so wenig Scheu vor dem Menschen zeigen, daß man sogar die Hand unter das Nest schieben kann, ohne daß der brütende Vogel auffliegt. Zur Brutzeit sind diese Vögel also »Tundravögel« – Bewohner eines Lebensraumes, der im Sommer durch extrem lange Tage und sehr kurze Nächte gekennzeichnet ist. Je nachdem, wie weit das Brutgebiet polwärts reicht, wird es zur Zeit der Sommersonnenwende dort oben für Tage oder Wochen überhaupt nicht dunkel. Myriaden von Mücken entwikkeln sich in der Kürze des arktischen Sommers in den zahllosen Pfützen, die im aufgetauten Frostboden entstanden sind. Von ihren Larven und den Larven von Schnaken sowie einigen anderen Insekten ernähren sich die Regenpfeifer, vor allem ihre Jungen, die nicht gefüttert werden, sondern als Nestflüchter gleich nach dem Schlüpfen selbständig auf Nahrungssuche gehen.

Schnell wachsen sie heran, und wenn sich der kurze Polarsommer neigt, sind sie abflugbereit. Amerikanische Goldregenpfeifer, die von Alaska nach Hawaii fliegen, haben nun einen Nonstop-Flug von 35 Stunden vor sich. Zu den Überwinterungsgebieten auf der argentinischen Pampa ist es noch viel weiter. Aber da können die Vögel wenigstens zwischenlanden. Nordsibirische Goldregenpfeifer fliegen wie auch ihre nahen Verwandten, die Kiebitzregenpfeifer, in großer Zahl ins Wattenmeer der südöstlichen Nordsee, wo sie wochenlang Zwischenrast einlegen, bevor es weitergeht. In dieser Zeit sind sie »typische Wattvögel« und machen ihrem Sammelnamen »Limikolen« alle Ehre. Er bedeutet Grenzbewohner zwischen Wasser und Land. Würmer und kleine Schnecken im Watt bilden die Nahrung der Limikolen, die sich dort zu den Zugzeiten zu vielen Millionen sammeln. Goldregenpfeifer ziehen aber auch in nicht unbeträchtlichen Mengen ins Binnenland, wo sie auf den nun herbstlich kurzen Wiesen nach Nahrung suchen, vor allem nach

Würmern und Schnakenlarven. Nun sind sie zu »Wiesenvögeln« geworden. Zum Spätherbst hin erfaßt sie die Zugunruhe wieder. Sie haben sich im Wattenmeer oder auf den herbstlichen Wiesen aus ihrer dort gewonnenen Nahrung Fettdepots angelegt. Jetzt starten sie erneut und fliegen mit 80 bis 100 km/h südwärts, bis sie die entlegensten Inseln im Indischen Ozean erreichen, wo sie auf Korallenriffen oder unter Kokospalmen zu finden sind. In Nordaustralien suchen sie das Watt an der Küste auf; in Afrika wie auch in der Pampa Südamerikas die kurzrasigen Grasländer im Kontinent.

Was sind das nun für Vögel? Wie lassen sie sich einordnen? Diesen Fragen weichen Ökologen nach Möglichkeit aus, denn wie sollten sie die »ökologische Nische« solcher Weltenwanderer festlegen. Alle paar Monate leben sie in einem ganz anderen Lebensraum. Ihre Wanderungen überstreichen alle Klimazonen der Erde von der hocharktischen Tundra bis zu den tropischen Korallenriffen. Sind sie die Ausnahme, die wegen ihrer Exotik fasziniert?

Sie sind es nicht. Bei den anderen Fernziehern sind die Wechsel in ihren Lebensräumen nur nicht so auffällig. Wenn Blaukehlchen (Cyanosylvia svecica) an Ufern naturnaher Abschnitte der Voralpenflüsse gebrütet haben und dann ins ostafrikanische Hochland zum Überwintern ziehen, wo sie ähnlich wie die Rotkehlchen (Erithacus rubecula) in einer städtischen Parkanlage zwischen Steinen in offenem, kurzrasigem Felsgelände herumhüpfen, dann käme man, aus der Sicht des Winteraufenthaltsortes, wohl auch nicht auf die Idee, das Blaukehlchen den Feuchtgebietsvögeln zuzurechnen. Die mitteleuropäische Form des Blaukehlchens mit weißem Stern inmitten der strahlend blauen Kehle hat einen sehr nahen nordischen Verwandten, das Rotsternige Blaukehlchen. Es brütet in der Tundra und kommt auf dem Zug unter Umständen sogar in städtische Kleingärten. Man findet es in einigen Brutpaaren in den Zentralalpen auf hochgelegenen Mooren mit Krummholz. Dieses Blaukehlchen gehört zur selben Art, und doch lebt es in recht verschiedenartigen Lebensräumen. Im Winterquartier trifft es dagegen unter Umständen auf seine flußauenbewohnenden, weißsternigen Vettern.

Nehmen wir noch eine weitere Vogelart hinzu: den Trauerschnäpper (Ficedula hypoleuca). Ein Großteil seines Weltbestandes nistet in den nordischen Wäldern. Dort ist der Vogel ein Bewohner des Hochwaldes bis hinauf zur Waldtundra, wo die Bäume schon recht locker stehen und wo tiefreichender Frostboden ihr Wachstum zunehmend einschränkt. Trauerschnäpper ziehen in diesen Wäldern Jahr für Jahr zwei Bruten auf, und pro Brut fliegen durchschnittlich mehr Junge aus als in den klimatisch günstigeren, südlichen Randgebieten ihres Vorkommens in Mitteleuropa. Oft gelingt ihnen hier überhaupt nur eine Brut. Im afrikanischen Winterquartier werden diese Vögel der borealen Wälder nun zu Vögeln der Baumsavanne, und sie haben den Lebensraum von den Randbereichen der Arktis in die Tropen verlagert. Ein halbes Jahr bringen sie hier und die andere Hälfte dort zu. Diese kleinen, kaum sperlingsgroßen Vögel sind zudem keine besonders guten Flieger. Ihre Flugleistung, die sie mit kurzen, rundlichen Flügeln vollbringen, entspricht aber durchaus der von schnittigen Schwalben und Seglern, die ziemlich dieselben Flugstrecken zurücklegen, aber eben sehr viel schneller fliegen können. Warum setzen sie sich der Belastung solcher Fernflüge aus, wo sie doch ganz offensichtlich im tropisch-suptropischen Winterquartier gut überleben können?

Auf diese Frage spitzt sich die Kernfrage des Vogelzuges zu: Warum ist er entstanden? Die Antwort lautet: Aus dem gleichen Grund, der auch zur Wanderung der Schmetterlinge geführt hat. Die eiszeitlichen Klimagürtelverschiebungen waren die eigentliche Ursache. Aber ganz anders als bei den Schmetterlingen pflanzen sich die Zugvögel in ihren tropischen Winterquartieren nicht fort. Sie suchen dazu die außertropischen Regionen bis an die Grenze des ewigen Eises auf. Was sie dort gewinnen, ist ein Überschuß an Nahrung, vor allem an eiweiß- und fettreichen Insekten. Und diesen Überschuß, der ihnen im tropisch-subtropischen Winterquartier nicht zur Verfügung steht, können sie Tag für Tag sehr viel länger als in den Tropen nutzen. Dort sind die Tage gleichmäßig kurz. Etwa 12 Stunden ist es Tag, 12 Stunden Nacht. Je weiter die Zugvögel sommers polwärts vorrücken, um so länger werden die Tage und um so kürzer die Nächte. Die Nacht kostet sie nur Energie; sie bringt ihnen nichts ein. Sie brauchen das Tageslicht zur Nahrungssuche. 16, 18, 20, ja bis zu 24 Stunden lang können sie in den hohen Breiten nach Nahrung suchen, und wenn sie den Polarkreis überschreiten, gibt es Zeiten, in denen es überhaupt nicht mehr dunkel wird.

Es ist eine Täuschung, den Polarsommer »kurz« zu nennen. Wenn er drei Monate dauert und die Nacht nur ein paar Stunden lang ist, dann ergeben sich, rechnen wir einmal mit 20 Stunden durchschnittlicher Tageshelligkeit, 1800 Stunden für die Dauer des Sommers. Ein vier Monate langer Sommer mittlerer Breiten bringt es auf gleichfalls 1800 Stunden Helligkeit, und erst fünf Monate Sommer ergeben in subtropischen Regionen einen ganz ähnlichen Wert. Für die Zeit der Jungenaufzucht, die nur zwei bis drei Wochen dauert, verschiebt sich die Bilanz sogar zugunsten des Polarsommers. Mit 20 Stunden Tageshelligkeit können die Vögel in 20 Tagen volle 400 Stunden für den Nahrungserwerb und damit für die Jungenversorgung einsetzen. In den Tropen stünden ihnen in diesen 20 Tagen nur 240 Stunden zur Verfügung, also nur wenig mehr als die Hälfte. Eine Massenproduktion von Nahrung bei gleichzeitig stark vergrößerter Nutzungszeit kennzeichnet die Verhältnisse in den Brutgebieten der Zugvögel. Und es kommt die Qualität hinzu. Die fettreichen Insekten liefern eben nicht nur Eiweiß für das Wachstum oder für den Ersatz von verbrauchtem Muskelgewebe, sondern auch hochwertigen Brennstoff, der viermal mehr Energie pro Gramm enthält als Zucker und noch erheblich mehr als Eiweiß.

Die typischen Weitstreckenzieher unter den Landvögeln gehören daher zur Gruppe der Insektenverwerter. Schon solche Arten, die vornehmlich von Würmern oder anderem Weichfutter leben, ziehen im Schnitt nicht so weit, während unter Pflanzenverwertern nur wenige Fernzieher zu finden sind. Wie immer bestätigen die scheinbaren Ausnahmen die Regel. Wildgänse sind Weitstreckenzieher, die in der Tundra brüten, aber nach Tausenden von Flugkilometern in mittleren Breiten überwintern. Sie ernähren sich von den eiweiß- und kohlenhydratreichen Spitzen von Gräsern und Kräutern, die sie im Winterquartier nutzen – auf den Feldern mit Wintersaaten. Seegras an den Küsten und die Überschwemmungswiesen am Unterlauf von Strömen hatten ursprünglich die Nahrung im Winter geliefert, bevor die Landwirtschaft für bessere Bedingungen sorgte.

Auch für den Weißstorch trifft zu, daß er als extremer Weitstreckenzieher weitgehend von Insekten lebt. Im afrikanischen Winterquartier sind das Heuschrecken. Die unzureichende Insektenversorgung im Brutgebiet zwingt ihn zum energiesparenden, aber zeitaufwendigen Segelflug. Greifvögel und andere müssen sich des Segelfluges gleichfalls bedienen, um damit größere Strecken überwinden zu können.

Die andere große Gruppe von Fernziehern nutzt Fische als Nahrung. Für sie ist der Flug energetisch viel aufwendiger und mit häufigen Zwischenaufenthalten verbunden. Wenn arktische Küstenseeschwalben (Sterna paradisaea) ihre Wanderung von der Arktis, wo sie brüten, bis zu antarktischen Gewässern im Lauf eines Jahres machen, dann geht das nur, weil sie kontinuierlich über Fischgründen ziehen. Sie fischen und wandern dabei. Die kleine Grasmücke aus mitteleuropäischen Wäldern zieht hingegen nachts in großer Höhe, so daß nur dem Geübten die zarten Flugrufe vielleicht verraten, daß sie unterwegs ist. Radarbilder zeigen die »Wolken« von Zugvögeln, die über Land und Meer, über Gebirge und Wüste wandern, bis sie ihr Zielgebiet im tropischen Afrika, in Mittel- und Südamerika oder im Süden Asiens erreicht haben.

Der Dauerflug über Mittelmeer und Sahara ist wahrscheinlich die größte Leistung, die Kleinvögel vollbringen. Er fordert sie bis an die Grenze ihrer Leistungsfähigkeit. Wie im Kapitel über das Fliegen ausgeführt, setzt der Vorrat an Wasser, den sie mitnehmen können, bei guter Kondition engere Grenzen als der Vorrat an Fett. Im Winterquartier können die Zugvögel kaum mehr erreichen, als ihre Fettvorräte wieder aufzufüllen. Wir sehen dies am besten bei den Drosseln, die im Mittelmeerraum überwintern. Dort ziehen sie sich in die beerenreiche Macchie zurück und bewegen sich wenig. Der Zuckergehalt der Beeren wird dazu benutzt, den Stoffwechsel in Betrieb zu halten, aber auch, um neue Fettreserven aufzubauen, mit deren Hilfe sie den Rückflug bewältigen.

So gesehen, hängt der Ursprung des Vogelzuges mit der saisonalen Verteilung der Produktion zusammen, insbesondere der Produktion von Insekten und Beeren oder Früchten. Fett und Kohlenhydrate haben letztendlich dieselbe Quelle, den Zucker; Zucker, der bei der Photosynthese erzeugt wird. Er ist die ursprünglichste der Triebkräfte des Wanderns, ja der Beweglichkeit schlechthin.

Davon wird das nächste Kapitel handeln. Hier sind noch andere Formen des Wanderns anzuschließen, die bisher nicht berücksichtigt wurden. Wenden wir uns nun, nachdem wir Einblicke in die komplexesten Formen des Wanderns bei den Zugvögeln genommen haben, den einfachen zu.

Eine der einfachsten und ursprünglichsten Formen des Wanderns ist das Auf und Ab der Kleinkrebse im Meer und in größeren Seen. Tagsüber lassen sie sich absinken und bleiben in der nur schwach durchlichteten Tiefe. Am Abend beginnen sie, durch Schlagen mit ihren Ruderbeinchen oder Antennen aufzusteigen. Die Nacht bringen sie dann in den oberflächennahen Wasserschichten zu. Mit Anstieg der Helligkeit am Morgen sinken sie wieder ab.

Damit gehen sie ziemlich gut den Fischen aus dem Weg, die zum gezielten Fang kleiner Krebschen wenigstens so viel Licht brauchen, daß sie die winzigen Pünktchen im Wasser sehen können. Der Rückzug in die Dunkelheit, die auch tagsüber in größerer Tiefe herrscht, bietet also Schutz vor Feinden. Fische machen das genauso. Viele Kleinfische meiden bei Tageshelligkeit die Oberflächenschicht, weil dort Raubfische oder fischfangende Wasservögel auf Sicht jagen können. Oben in der gut durchlichteten Zone befinden sich aber die »Weidegründe«, weil dort die Algen leben, die am Beginn der Nahrungsketten stehen. Sie leisten die Ausgangsproduktion, von der alle anderen dann zehren.

Doch kaum eine Strategie, für die es keine Gegenstrategie gäbe. Wenn in den nahrungsarmen tropischen Ozeanen nachts kleine Fische oder freischwimmende Garnelen nach Nahrung suchen, erzeugt ihr Umherschwimmen das Meeresleuchten. Millionen kleiner, leuchtfähiger Geißeltierchen (Noctiluca miliaris und andere Arten) leuchten auf und hüllen sich in diesen Lichtmantel, der es den Feinden schwer macht, sie zu entdecken. Dafür sehen nun die Feinde der Fische und der Garnelen an den Leuchtspuren, die sie durchs Wasser ziehen, wo sie sich bewegen. Die Leuchtspur weist ihnen den Weg zum Fangerfolg.

Die Feindvermeidung ist nur eine vergleichsweise schwache Ursache für das Wandern. Ungleich stärker wirkt sich aus, daß sich Tiere zur Fortpflanzung treffen müssen. Wieder bietet das Tierleben im Meer besondere Schauspiele. Zu Zeiten der Vollmond- oder Neumondphasen steigen viele Meeresbewohner an die Oberfläche oder kommen zum Strand, wo sie dann ihre Eier und Samenzellen zu Abermillionen freigeben. In den Weiten des Meeres hätten die Geschlechtszellen vielfach keine nennenswerten Chancen, sich zu treffen, wenn die fortpflanzungsbereiten Tiere nicht nahe genug zusammenkommen.

Manche Arten vollbringen dabei die erstaunlichsten Leistungen. So finden sich in mehr oder weniger regelmäßigem Abstand von 4 bis 5 Jahren Atlantische Bastardschildkröten (Lepidochelys kempii) an einem entlegenen Strand im Golf von Mexiko ein, um sich dort im Flachwasser zu paaren. Die Weibchen kriechen danach zur

Eiablage den Strand bis zur Hochflutgrenze hinauf. Innerhalb weniger Tage kommen diese Meeresschildkröten zu Zehntausenden an den Strand; Tausende von Kilometer voneinander entfernt waren sie im Atlantik umhergeschwommen, um zum richtigen Zeitpunkt zur Paarung an der richtigen Stelle zu sein. »Arribada«, die Ankunft, nennen die Mexikaner das massenhafte Erscheinen der Schildkröten, die sich so dicht den Strand hochquälen, daß man kilometerweit über die Panzer gehen könnte, ohne den Sand zu berühren.

Entsprechend groß ist die Menge der ausgeschlüpften Meeresschildkröten, und alle Bemühungen der Nasenbären und der verwilderten Hunde, der großen Krabben oder der Seevögel, kurz aller natürlichen Feinde der frisch geschlüpften Jungschildkröten vermindern ihre Zahl nicht nachhaltig. Das Angebot ist zu groß. Die Masse wird zum Schutz für den Nachwuchs, der Aufwand der langen Wanderung durchs Meer lohnt sich. Obwohl an einem näher gelegenen Strand ein paar Eier mehr pro Weibchen und Gelege abgegeben werden könnten, weil weniger Energie für die Wanderung verbraucht wird, fiele das Ergebnis höchst unzureichend aus. Die Einzelgelege haben so gut wie keine Chance durchzukommen. Sie würden praktisch alle mit Sicherheit den Feinden zum Opfer fallen.

Die aufwendigste Wanderung in dieser Hinsicht spielt sich bei den Lachsen (Salmo-Arten) ab. Der Nachwuchs wächst im Meer heran und erreicht allmählich das fortpflanzungsfähige Alter. Nun bemächtigt sich ein offenbar unbezähmbarer Drang der Lachse, zu den Küsten zu ziehen. Sie finden genau den Fluß wieder, aus dem sie vor Jahren zum Meer geschwommen waren, schwimmen flußaufwärts, und nichts kann sie aufhalten, was sie schwimmend und springend bewältigen können. Sogar über kleinere Wasserfälle arbeiten sie sich mit mächtigen Sprüngen hoch, bis sie in die Quellbereiche kommen. Dort oben, wo das Wasser kaum mehr den Rücken der großen Lachse bedeckt, drängeln sich die Männchen um die laichbereiten Weibchen. Im quellklaren, kalten und sauerstoffreichen Wasser vollziehen sie das Laichgeschäft – und sterben. Die Leichen der alten Lachse, die zur Fortpflanzung bis an die Flußquelle gezogen waren, nutzen nun die jungen, gerade geschlüpften als erste Nahrung. Sobald die Junglachse in der Lage sind, selbst richtig zu schwimmen, wandern sie meerwärts den Fluß hinunter. Die Zeit des Heranwachsens und Reifens verbringen sie im Meer. Sie bleiben dort so lange, bis sie die zur Fortpflanzung notwendigen Reserven angehäuft haben. Dann wandern sie an ihren Geburtsort, und der Kreislauf schließt sich.

Diese in jeder Hinsicht besondere Form der Fortpflanzung funktioniert unter den heutigen Bedingungen verbauter und belasteter Flüsse nicht mehr – von wenigen entlegenen Flüssen abgesehen. Noch vor 200 Jahren waren Lachse im Rhein so zahlreich, daß ihr Fleisch als Arme-Leute-Essen galt und im Interesse der Dienstboten Beschränkungen behördlicherseits verfügt wurden, damit nicht jeden Tag Lachsfleisch auf den Tisch kam und die Kost unerträglich einseitig wurde.

Woran mag es gelegen haben, daß diese Wanderform entstand? Daß das Meer voller Feinde ist, kann nicht der Grund gewesen sein, denn die vielen anderen Fische leben und vermehren sich dort auch. Der Reichtum an Sauerstoff in den Oberläufen und quellnahen Regionen der Flüsse wäre nur eine Scheinerklärung, denn wozu sollte Sauerstoff gut sein, wenn er nicht zur Energieerzeugung gebraucht wird. Nichts weiter als ein Zirkelschluß: Lachse benötigen viel Sauerstoff, weil sie so großartige Schwimmleistungen vollbringen, und sie erbringen diese, damit sie in die sauerstoffreichen Regionen kommen. Sie könnten gleich in den Oberläufen der Flüsse bleiben und sich die langen Wanderungen zum Meer und zurück ersparen. Bachforellen, Saiblinge und andere Fische dieser Flußregion zeigen, daß es geht. Da die Wanderung der Lachse zum Laichplatz, also zum entscheidenden Abschnitt in ihrem Leben, gegen die starke Strömung gerichtet ist, kostet sie sogar verhältnismäßig mehr als die anderen Formen des Wanderns. Ohne diese damit verbundenen, enormen Energieverluste könnten die Weibchen gewiß noch mehr Eier produzieren.

Gut aufeinander abgestimmtes Laichen sollte, wie bei anderen Arten auch, kurzfristig das Angebot für die Feinde so sehr vergrößern, daß diese keine substantiellen Verluste zufügen können. Die Alternativen sind wirkliche Alternativen, keine bloß denkbaren Möglichkeiten, weil sie von vielen anderen Fischarten benutzt werden. Die vom Menschen verursachten Störungen zeigen, wie anfällig die Laichwanderung der Lachse ist. Sie kann daher auch nicht als sehr überlegene Leistung gelten.

Noch wissen wir zu wenig über die Anfänge solcher Laichwanderungen. Aber aller Wahrscheinlichkeit nach haben sie sich schon während der Eiszeit, im Pleistozän, entwickelt. In den langen Zeiten der Vereisung sahen die Lebensbedingungen in den Flüssen Europas, Nordamerikas und Nordostasiens ganz anders als heute aus. Sie führten durch Gebiete, die größtenteils oder ganz unter dem Einfluß der Eiszeiten Dauerfrostböden ausgebildet hatten. Grundwasser gab es folglich nicht in der heutigen Form. Die Nährstoffe kamen vor allem in die Quellbereiche, wo die Schmelzwässer der Gletscher sich sammelten. Dort trug das Wasser Pollen, Insekten und anderes organisches Material ein, das als Erstnahrung für die frisch geschlüpften Fischlarven geeignet war. In den Mittel- und Unterläufen kam nicht mehr viel hinzu außer eingewehtem Löß. Während also die Jungfische im Oberlauf durchaus leben, vielleicht sogar ganz gut leben konnten, mußten die heranwachsenden zunehmend größere Schwierigkeiten bekommen, größere Nahrung zu finden und ihren Bedarf zu decken. Sie zogen meerwärts, wo sie mehr Nahrung fanden. Doch der Sauerstoff war knapp und für die Fortpflanzung taugt das Meer bei weitem nicht so gut, wie zumeist angenommen wird. Die großen Weiten des Meers sind, abgesehen von der nahrungsreichen Oberfläche, wüstenhafter Ozean für bodenbewohnende Kleinfische ohne Schwebeeinrichtungen. Für die nacheiszeitlich wieder in die Binnengewässer gekommenen Süßwasserfische waren andere, bessere Verhältnisse gegeben. Sie brauchen keinen Wechsel zwischen Meer und Fluß. Überleben heißt für das Individuum noch lange nicht, daß es sich erfolgreich fortpflanzen kann. Dazu muß es mehr haben, als es zum bloßen Leben braucht. Die Lage ist vergleichbar den Verhältnissen, denen sich die europäischen Zugvögel ausgesetzt sehen, wenn sie ins afrikanische Winterquartier ziehen. Es kommt mehr dabei heraus, wenn sie sich unter den günstigeren Bedingungen in Europa fortpflanzen als unter den weniger geeigneten in Afrika.

Zurück zu den Lachsen. Daß die Nahrung für die Jungfische kritisch sein kann, zeigen jene Lachsarten, bei denen die Altlachse nach dem Laichen sterben und die Erstnahrung für die Jungen ergeben. Das ist nicht bei allen so. Die europäischen Lachse konnten sich ursprünglich selbst ernähren, als sie aus den Eiern schlüpften. Sie bekommen gut gefüllte Dottersäcke mit. Die heutigen Verhältnisse sind anders als während der Vereisungsperioden mit Dauerfrostboden. Der uns bekannte Zustand ist erst etwa 12000 Jahre alt. Deshalb haben die meisten Fischarten, die gegenwärtig im mittleren und nördlichen Europa leben, erst nacheiszeitlich die Gewässer wiederbesiedelt. Die Lachse dürften die einzigen Großfische sein, die die Eiszeit ohne nennenswerte Gebietsverluste überstanden haben – dank ihrer Laichwanderungen und dem damit verbundenen Wechsel vom Meer zum Süßwasser und zurück. Da die Eiszeiten während des Pleistozäns ungleich länger waren als die dazwischenliegenden Warm- oder Zwischeneiszeiten, können wir annehmen, daß die Laichwanderung der Lachse eine alte, bewährte Strategie ist, die sich erst unter dem Einfluß des Menschen als höchst verwundbar herausgestellt hat.

Die Aale (Anguilla anguilla) machen es genau in umgekehrter Richtung, sie ziehen zur Fortpflanzung in die Sargasso-See, einem großen Meeresgebiet, das vom Golfstrom als riesiger Wasserwirbel gebildet wird, und damit vom Süßwasser zum Meer. Sind sie ein Gegenbeweis? Das Ungewöhnliche an ihrer Lebensweise ist nur die Bindung an die Sargasso-See, nicht das Eindringen in die Flußsysteme. Denn hier suchen sich diese schlechten Schwimmer ihre Nahrung am Boden. Die in die Kontinente hineingreifenden Fließwassersysteme haben im Flachbereich mehr Bodenanteil als das Meer in den küstennahen Zonen. Die empfindlicheren Fortpflanzungsstadien, die Glasaale, entwickeln sich in ihrer Urheimat, im Meer. Vielleicht werden die Aale sogar weitgehend passiv von den Strömungen des Golfstroms gegen die Küsten Nordamerikas und Europas gespült, und die nordamerikanische Zwillingsart ist nichts weiter als eine etwas kürzere Version unseres europäischen Aals, weil sie eine kürzere Wanderstrecke im Meer zurückzulegen hat. Das vergleichsweise riesige Areal der Sargasso-See läßt sich auch unvergleichlich leichter wiederfinden als ein bestimmter Nebenfluß eines Flusses, in den, und nur in diesen, die Lachse hineinwandern, die dort irgendwo ganz oben aus dem Ei geschlüpft sind. In diesem Fall steht auch beim Aal das Wandern mit der Nahrungssuche und mit nahrungsabhängiger Entwicklung in Verbindung.

Wechseln wir den Lebensraum: Millionen von Huftieren ziehen über die ostafrikanischen Steppen und folgen damit dem Rhythmus der Jahreszeiten. Sie ziehen dem Gras nach, von dem sie leben, und das sich jahreszeitlich unterschiedlich entwickelt, je nachdem, wo und wann die Regen fallen. Dasselbe gilt für die noch weiteren Wanderungen, die früher die Herden der Bisons (Bison bison) in den nordamerikanischen Prärien durchgeführt haben, oder für die heute noch sehr spektakulären Züge der Karibus über die Tundren von Alaska und Nordkanada. Wo diese amerikanischen Vettern des Rentieres (Rangifer tarandus) ihre Sommer- und Winterweiden haben, hängt von den Niederschlagsverhältnissen und – im Sommer – von den Mückenplagen ab, die sich in der Tundra entwickeln. Das Karibu kann sich diese Hunderte von Kilometern weite Wanderung leisten, weil es von so hochwertiger Nahrung lebt, die genügend Bewegungsenergie hergibt.

Wie entscheidend das Wandern mit der Nahrungsversorgung zu tun hat, bekräftigt die der Leistung nach größte aller Wanderungen: der Zug der Wale aus der Arktis in die tropischen Gewässer. Im Arktissommer schlagen sich die Wale in den außerordentlich nahrungsreichen Gewässern an der Grenze zum Eis ganz offensichtlich so sehr die Bäuche voll, daß der Überschuß, den sie dort gewinnen, mühelos ausreicht, ein halbes Jahr ohne Nahrungsaufnahme in den Tropen zubringen zu können. Auch die Energiekosten der Wanderung, bei der sie ihre tonnenschweren Körper über 5000 Kilometer und mehr zu den tropischen oder subtropischen Überwinterungsgewässern transportieren, deckt der sommerliche Überschuß, und auch zum Wachsen bleibt genug.

Grauwale (Eschrichtius robustus) suchen zur Überwinterung große, flache Lagunen an der Halbinsel von Niederkalifornien auf. Dort bringen die Weibchen ihre Jungen zur Welt, und dort paaren sie sich auch wieder. Die 15 Meter langen Kolosse machen keinerlei Anstalten, nach Nahrung zu suchen. Erst im März fangen sie wieder an, nordwärts die Küste entlangzuwandern, um die nahrungsreichen nordpazifischen Gewässer, vor allem die flache Beringsee, aufzusuchen. In den Zeiten des Walfangs bedeutete dies allerdings beinahe eine tödliche Sackgasse. Die Bestände waren schon fast vernichtet, als um 1930 Schutzmaßnahmen einsetzten. In beinahe symbolischen Wiedergutmachungen retten heute amerikanische und russische Schiffe gemeinsam vom Eis eingeschlossene Grauwale, die nicht rechtzeitig nach Süden geschwommen sind. Andere Wale ziehen sogar noch weiter und leisten mehr als die Grauwale. Doch ihre Wanderungen sind nicht annähernd so gut bekannt, weil sie sich im offenen Ozean und nicht entlang der Küste bewegen. Es bleibt das Phänomen, daß diese größten aller Tiere auch die größten Wanderleistungen vollbringen: Sie schwimmen nicht nur ein halbes Jahr, ohne Nahrung zu sich zu nehmen; sie wandern auf diese Weise auch das halbe Leben lang.

8. Kapitel
Erfolgsprinzip Fortbewegung

Der Zucker brachte Bewegung in das Leben. Am Zucker scheiden sich die Reiche der Pflanzen und der Tiere. Am Zucker krankt der moderne Mensch, der mehr, als ihm guttut, davon zu sich nimmt. Es steckt mehr als nur ein Körnchen Wahrheit in solchen Verallgemeinerungen.

Beginnen wir ganz von vorne: Leben existiert seit etwa dreieinhalb Milliarden Jahren. Den größten Teil dieser Zeitspanne, mehr als 4 Fünftel, gab es keine Trennung in ein Tier- und in ein Pflanzenreich. Heute würden die meisten zuerst an die Beweglichkeit denken, wenn sie Tiere von Pflanzen unterscheiden sollen. In der Frühzeit des Lebens waren die Weichen noch nicht gestellt. Es gab zwei Formen von Beweglichkeit, eine passive durch Fließbewegungen des Plasmas, wie wir das an einer Amöbe beobachten können, und eine aktive mit Hilfe einer schlagenden Geißel.

Diese Geißelbewegung funktionierte im Prinzip schon so ähnlich wie die viel später entwickelte Bewegung mit Hilfe von Muskelfasern, die sich zusammenziehen. 7 Fäden bilden die Geißel; 2 davon befinden sich im Zentrum, 5 sind um sie herum gruppiert. Durch Kontraktion der Fäden wird das ganze Gebilde bewegt, und da es in der Zelle fest verankert ist, wird diese von der Geißelbewegung mitgezogen.

Die so entstandene Fortbewegung bemißt sich zwar nur in Bruchteilen eines Millimeters, aber bezogen auf die Kleinheit der Geißel-»Tierchen« bedeutet sie doch eine richtige Bewegung. Bei Wimpertierchen, wie beim Pantoffeltierchen, gleichfalls einem Einzeller, verstärkt sich die Leistung dieser schlagenden Fasern, weil sehr viele davon die Oberfläche bedecken. Wegen ihrer Feinheit bezeichnet man sie als Wimpern. Ein Netzwerk von Eiweißfasern sorgt dafür, daß die Wimpern nicht unabhängig voneinander und chaotisch schlagen, sondern synchronisiert. Andernfalls würden sie sich gegenseitig in ihrer Wirkung aufheben. Geißeln und Wimpern schlagen außerhalb des Zellkörpers. Der Gewinn an Beweglichkeit ist noch recht gering. Die Wimperntätigkeit dient denn auch mehr dazu, Nahrung, nämlich Bakterien und andere kleine Nahrungsbröckchen, herbeizustrudeln, als der eigentlichen Fortbewegung. Sie ist mehr ein Nebenprodukt des Herbeistrudelns von Nahrung.

Eine große Verbesserung stellte sich ein, als bewegliche Fasern in den Zellkörper hineinverlagert wurden. Doch blieb ihre Wirksamkeit so lange noch gering, als sich die Zellen noch nicht zu Zellverbänden zusammengeschlossen hatten. Das Wasser ist zu zäh; es setzt der Formveränderung einzelner Zellen einen zu großen äußeren Widerstand entgegen. Noch vor einer halben Milliarde Jahre befand sich alles Leben im Meer und damit in einem sehr dichten Medium, das mit seinen Strömungen und Wirbeln weit stärker passiv die Organismen umhertrieb, als diese das aktiv aus eigener Kraft hätten erreichen können. Sie mußten sich erst entsprechend vergrößern und festsetzen.

Dieser Zusatz ist sehr wichtig. Den ersten Anfängen aktiver Fortbewegung mit Hilfe von Muskelfasern ging eine, wahrscheinlich Jahrmillionen lange Phase festsitzender Lebensweise voraus. Wir treffen wieder auf das Phänomen des Umweges in der Evolution. Nicht die Fortentwicklung der vorhandenen Formen der Beweglichkeit brachte die Evolution voran, sondern Neues aus einem anderen Funktionszusammenhang. Die festsitzenden Organismen verstärkten die Ausbildung von Muskelfasern, die sich zusammenziehen konnten, weil sie damit ihre Reichweite bei der Nahrungsbeschaffung vergrößerten. Die neue Beweglichkeit kam nicht vom Ausbau des Schleimflusses bei den Amöben oder von Vergrößerungen schlagender Geißeln und ihrer Wirkung bei Geißeltierchen, sondern von festgeheftet am Untergrund lebenden Tieren, die Muskelfasern entwickelten, mit denen sie Fangarme ausstrecken und sich in eine schützende Hülle zurückziehen konnten.

Wie arbeiten diese Muskelfasern? Trotz zahlreicher Abwandlungen und Verbesserungen in der Wirksamkeit lassen sie sich auf ein Grundschema zurückführen. Zwei Eiweißstoffe, die schraubig gedreht sind, erzeugen die Zugkraft. Die dickeren aus dem Eiweißstoff Myosin stecken zwischen dünneren aus einem anderen Eiweißstoff, dem Actin. Über Energiefreisetzung durch die Spaltung des Energieträgers ATP (Adenosintriphosphat) und unter Mitwirkung von Calciumionen verbinden sich diese Eiweißfasern miteinander, wobei die Zusammenziehung erfolgt. Sie schieben sich teleskopisch ineinander. Das ergibt in der Vielzahl der Einzelstränge der Eiweißstoffe in der Muskelfaser die Zusammenziehung. Durch energiereiches ATP wird diese Anlagerung der Eiweißstränge wieder gelöst: der Muskel erschlafft.

Die Muskelbewegung verbraucht somit Energie. Diese Energie wird in Form von energiereichen Phosphorverbindungen, eben dem ATP, zur Verfügung gestellt. Freies ATP findet sich in der Muskelfaser aber nicht besonders viel. Ein anderer Eiweißstoff, das Kreatinphoshat, liefert das ATP. Es wird von einem Enzym in Kreatin und ATP gespalten, wenn dieses benötigt wird. Der Vorrat an Kreatinphosphat muß laufend ergänzt werden, wenn die Muskelfaser funktionsfähig bleiben soll. Das geschieht durch Zerlegung von Zucker, genauer von Glukose. Er ist letztendlich der Energielieferant für die Muskelbewegung.

Der Abbau von Glukose im Stoffwechsel setzt die Energie frei, die dieses Molekül gespeichert enthält – Energie, die von der Sonne stammt, wie ich gleich ausführen werde. Zunächst muß noch festgehalten werden, daß es zwei Wege gibt, die Glukose zu zerlegen und dabei Energie zu gewinnen. Der eine ist der weniger effiziente. Er verläuft ohne Beteiligung von Sauerstoff (anaerob) und liefert nur 2 ATP-Moleküle. Der Zucker wird dabei in Milchsäure umgewandelt. Weitaus wirkungsvoller ist der zweite Weg unter Beteiligung von Sauerstoff. Dabei kommen 38 ATP-Moleküle heraus, und der Zucker wird vollständig zu Kohlenstoffdioxid (CO_2) und Wasser (H_2O) verbrannt. Die Reaktion ist genau die Umkehrung der Photosynthese. Er knüpft an die Entstehung des Zuckers an.

Die Glukose wird im Vorgang der Photosynthese aus denselben Grundstoffen aufgebaut, die bei der Atmung, ihrer Umkehrung, wieder frei werden. Die Triebkraft für die Reaktion der Photosynthese liefert das Sonnenlicht. Es wird von Farbstoffen einer ganz bestimmten Struktur, dem Blattgrün und seinen chemischen Verwandten, den Chlorophyllen, eingefangen und so dosiert auf den chemischen Prozeß übertragen, daß sich nirgendwo ein Energiestau ergibt. Deshalb ist es ganz richtig festzustellen, daß der Energiegehalt des Zuckers aus dem Sonnenlicht stammt.

Das, was die Muskeln bewegt, ist eingefangene Sonnenenergie, die chemisch gespeichert wurde. Wir nutzen sie in prinzipiell gleicher Weise in unseren Verbrennungsmotoren. Denn all das Erdöl und die Kohle, die unsere Energieversorgung ausmachen, entstammen der Photosynthese vergangener Zeiten. Nur die andersgeartete Form, in der sich Erdöl und Kohle befinden, macht sie ungeeignet für eine direkte Feuerung von Muskeln. Wir können sie nur indirekt zur Energiegewinnung über Verbrennungsmotoren benutzen, die die Energie nicht wohl dosiert, sondern explosionsartig freigeben, oder in Verbrennungsöfen, die wieder CO_2 erzeugen und dabei Energie, ebenfalls unkontrolliert in großer Hitze, freisetzen. Das sind ungleich »verschwenderischere« Formen der Energienutzung als die geregelte Zerlegung in den Muskelfasern unter Energiegewinn.

So abwegig ist der Vergleich mit der Muskelbewegung nicht. Auch dabei wird Wärme freigesetzt, nur eben nicht annähernd so schnell und so viel wie in einem mit Öl befeuerten Verbrennungsofen. Jeder Muskel, der bewegt wird, erwärmt sich. Reibung erzeugt Wärme; diesem physikalischen Prinzip unterliegen auch die Muskelfasern. Sie nutzen es auf ihre Weise. Die Geschwindigkeit, mit der chemische Reaktionen ablaufen, hängt von der Temperatur ab. Innerhalb der von den lebenden Strukturen tolerierbaren Grenzen von 0 bis gut 40 Grad Celsius bewirkt ein Temperaturanstieg um 10 Grad ungefähr eine Verdopplung der Geschwindigkeit der Reaktionen. Muskeln arbeiten aus diesem Grund schneller und besser bei 30 Grad als bei 10 Grad. Die größte Leistungsfähigkeit kommt bei Temperaturen knapp unter 40 Grad Celsius zustande. Dort, wo Leistung zählt, sollte die Entwicklung in diese Richtung gegangen sein. Genau dies läßt sich in den letzten 500 Millionen Jahren der Evolution verfolgen.

Die Organismen wurden größer und leistungsfähiger. Es entstanden Gruppen, die zeitweise hohe Körpertemperaturen zur Leistungssteigerung nutzen, und solche schließlich, die dauerhaft hohe, für die Muskeltätigkeit günstige Temperaturen halten, auch wenn die Außentemperaturen stark davon abweichen. Diese »Gleichwarmen«, die Vögel und die Säugetiere, leisten tatsächlich sehr viel mehr mit ihrer Muskulatur als die »Wechselwarmen«, etwa die Kriechtiere oder die Fische. Was heißt Leistung? Es heißt nicht, daß letztere sowie Insekten oder andere Wirbellose unter gleich günstigen Temperaturbedingungen sehr viel schlechter abschneiden müßten. Hochseefische erreichen ähnliche, vielleicht sogar höhere Schwimmgeschwindigkeiten als die schnellsten Meeressäugetiere, auch wenn diese warmblütig sind und ein allgemein höheres Leistungsniveau aufweisen.

Es geht vielmehr darum, daß die »Gleichwarmen« beständig und unter fast allen Außenbedingungen ihre volle Leistung erbringen können. Das kostet entsprechend viel Energie. Allein der Verbrauch in Ruhestellung, ihr Grundumsatz, liegt um Größenordnungen über dem der Wirbellosen oder beim Zehnfachen des Wertes vergleichbar großer Wirbeltiere ohne geregelt hohe Körpertemperatur. Wir Menschen als Angehörige der Säugetiere befinden uns keineswegs an der Spitze, was den Energieumsatz betrifft. Zahlreiche Säugetierarten, vor allem solche, die in kalten Regionen leben, heizen stärker als wir. Die Vögel haben insgesamt im Durchschnitt einen rund doppelt so hohen Grundumsatz wie die Säugetiere. All das hängt damit zusammen, welche Leistungen bei der Fortbewegung erzielt werden.

So kostet das Fliegen die Fliege das ziemlich genau 100fache ihres Ruheumsatzes. Daß die Vögel rund doppelt so viel in den Stoffwechsel wie die Säugetiere investieren müssen, hängt auch mit ihrem Flugvermögen zusammen. Das würde auch für die Fledermäuse gelten, könnten sie nicht in der Ruhe am Tag oder bei der Überwinterung ihren Stoffwechsel so drastisch absenken. Um es noch einmal zu bekräftigen: Bewegung und Stoffwechsel hängen engstens zusammen.

Deshalb kam es vor mehr als einer halben Milliarde Jahren zu jener einschneidenden Trennung der beiden großen Reiche vielzelliger Organismen: in die Sonderung von Tieren und Pflanzen. Vorher hätte eine Unterscheidung gar keinen Sinn ergeben, denn es machte so gut wie keinen Unterschied, ob sich ein Geißeltierchen mit Hilfe seiner Geißel fortbewegt oder ob dieses durch die Aufnahme symbiontischer Algen zu einer »Geißelalge« geworden ist. An Form und Lebensweise änderte sich dabei noch zu wenig, auch wenn sich die große Änderung damit bereits anbahnte. Denn die Energieversorgung der schlagenden Geißel war durch die Aufnahme der Algen besser geworden. Lieferten doch diese, wie sie das unverändert bis heute tun, die Glukose, die zur Energiegewinnung verbrannt wird. Es fehlte ein entsprechendes Trägersystem für die Ausnutzung dieser Fähigkeit, chemisch gebundene Energie wirkungsvoll in Bewegung umzusetzen. Wie dieses Trägersystem entstand, habe ich bereits in großen Linien nachzuzeichnen versucht. Betrachten wir nun die andere Seite: die Gabelung im Evolutionsprozeß, die zu den Pflanzen führte.

Sie befinden sich in einer merkwürdigen Lage: Einerseits stellen sie selbst jenen Grundstoff der Leistungsfähigkeit, die Glukose, direkt her, andererseits benutzen sie ihn aber nicht zur Bewegung. Im Gegenteil: Sie legen die Glukose fest und formen sie um. In gewissem, aber nicht sonderlich bedeutendem Umfang nutzen sie diesen Energieträger durchaus auch zur Energiegewinnung für die zelleigenen Stoffwechselvorgänge. Aber sie feuern damit keine Muskulatur. Pflanzliche Bewegung ist passiv oder im Ergebnis Wachstum. Pflanzen haben keine Muskeln. Glukose speichern sie nur in unbedeutenden Mengen. Zuckerhaltige Pflanzen machen zumindest Rohrzucker, Saccharose, daraus. Es gibt zahlreiche weitere, kompliziertere Zuckerformen, die von Pflanzen hergestellt werden. Überspringen wir sie, um zu den großen Lösungen des »Zuckerproblems« vorzudringen.

Die beiden bedeutendsten Formen der Speicherung und Umwandlung von Zucker sind die Bildung von Stärke als Reservestoff und die noch viel weitergehende Verknüpfung der Zuckermoleküle zu Zellulose. Der Zucker wird damit zum Stützstoff, zur Trägersubstanz, mit der die Pflanzen ihren Körper aufbauen. Da auch Stärke nur in begrenztem Umfang gespeichert wird, läßt sich als Grundvorgang feststellen, daß die Pflanzen aus dem von ihnen selbst erzeugten Zucker vorwiegend Baumaterial machen. Sie verbrennen ihn nicht, beziehungsweise nur zu einem ganz geringen Teil, sondern machen ihn – dieser Vorgriff sei hier gestattet – durch Verkettung zu Zellulose »unschädlich«.

Warum unschädlich? Das hängt mit den Folgen der Beweglichkeit zusammen. Sie werden erst dann deutlicher, wenn wir uns vergegenwärtigen, daß es auch Tiere gibt, die wie Pflanzen leben. Die bekanntesten sind die Korallentiere. Sie bauen gewaltige Riffe auf, deren derzeit größtes, das Große Australische Barriereriff, eine Länge von fast 6000 Kilometern erreicht. Korallen halten Nichtbiologen mehr für Pflanzen denn für Tiere. Und sie haben damit gar nicht so unrecht, auch wenn die Zoologen zu Recht darauf bestehen, daß es sich bei den Korallen um Tiere handelt. Das liegt weniger an ihrer zoologisch-systematischen Zugehörigkeit als an ihrem Lebensstil.

Sie »wachsen« mit Hilfe symbiontischer Algen in der Tat wie Pflanzen. Sie verzweigen sich, vergrößern die Oberfläche und bleiben mit den abgestorbenen Teilen fest verbunden. Nur die oberste Schicht der Korallen ist lebendig, die lebende Substanz steckt in toten Hüllen – wie bei den Pflanzen auch. Ihre Beweglichkeit beschränkt sich auf das Einziehen von Fangarmen, von Tentakeln. Auf diese Weise leben Korallen Hunderttausende, vielleicht Millionen von Jahren. Auch mit den Schwämmen im Meer verhält es sich ähnlich. Sie bilden Skelette aus Kalk, Kiesel oder Horn. Überschüsse werden abgeschieden und nicht verbraucht.

Das ist genau die Strategie der Pflanzen; das war ihr Weg in der Evolution, der zu Wachstum ohne Bewegung führte. Sie produzieren weit mehr, als sie mit ihren lebenden Zellen jemals verbrauchen könnten. Daher wachsen sie und bauen »Biomasse« auf, die sich im Verlauf vieler Jahrmillionen anhäufte. Ihre Überschußproduktion war schon im Erdaltertum so groß, daß der Sauerstoffgehalt der Atmosphäre über den heutigen Gehalt anstieg, obwohl ursprünglich kein freier Sauerstoff in der Luft vorhanden war. Diese einseitige Ausrichtung auf das Wachstum verhinderte offenbar auch, daß sich besondere Organe ausbildeten. Blätter sind eigentlich nur Oberflächen und nicht etwa mit inneren Organen bei Tieren vergleichbar. Es gibt bei Pflanzen weder Herz noch Lungen oder aktive Pumpen.

Solche Bildungen haben ausnahmslos mit der Entwicklung der Beweglichkeit zu tun. Stark vereinfachend läßt sich sagen: Organe sind die Folge von Bewegungen. Bewegung ist ein zentrales Prinzip in der Evolution. Sie erzeugt »Stoffwechselprodukte«, die wir auch »Abfall« nennen können, weil mit der Bewegung Verschleiß verbunden ist. Besonders schwierig zu beseitigen sind Abbauprodukte von Eiweiß oder unvollständig verbrannte Kohlenhydrate. Immer wieder spielt der Zucker dabei die zentrale Rolle. Besonders gut zeigen dies die langsamen Schnecken. Ihr Kriechen habe ich im entsprechenden Kapitel ausgeklammert. Nicht etwa, weil die Schnecke nicht Rekordhalter ist, sondern weil ihr Kriechen viel unmittelbarer den Zusammenhang von Stoffwechsel und Zucker verdeutlicht. Wenn Schnecken auf ihrer Schleimspur kriechen, so erleichtert dies zwar ohne Zweifel das Kriechen, aber es erklärt nicht die Schleimabsonderung.

Woraus besteht dieser Schleim? Schnecken bilden ihn aus Zukker. Dieser Schleimzucker aus Polysacchariden wird nicht nur zum Kriechen gebildet, sondern es handelt sich bei ihm um eine Abscheidung überschüssigen Zuckers. Weichtiere mit schnellen Bewegungen stellen nur wenig oder keinen Schleimzucker her. So etwa die Tintenfische. Die langsam kriechenden Schnecken entledigen sich dagegen der Überproduktion Zucker auf diese Weise: Eine höchst schwache Nutzung des Energiespenders, wie es scheint. Weil sie Eiweiß brauchen, das in ihrer Nahrung nur in geringer Menge vorhanden ist, verschwenden sie den Überschuß an Zucker geradezu und bleiben deshalb so langsam.

So könnte man den Zusammenhang sehen, das ist aber nur eine Seite. Die andere hängt mit den Folgen der Zuckernutzung für die Bewegung zusammen. Ihr Preis ist die »Abnutzung« des Tierkörpers. So hängt die Lebensdauer eines Insekts ganz entscheidend davon ab, wie stark es sich bewegt. Fliegen, die nur ein wenig herumkriechen, können monatelang leben. Fliegen sie aber viel, geht ihnen keineswegs nur der Brennstoff aus. Den könnten sie, wie Schmetterlinge, aus Zuckersäften von Pflanzen wieder ergänzen. Viel folgenreicher ist für sie, daß sich ihre Muskulatur abnutzt. Sie sind nicht in der Lage, diese zu ersetzen. Nicht einmal geringfügige Schäden können sie reparieren. Die Würzburger Biologin Angelika Neukirch hat ermittelt, daß Bienen nach etwa 800 Kilometern Flug völlig »abgenutzt« sind. Ihre Muskulatur ist dann verschlissen. Vielflieger altern schnell. Das Altern ist die Hauptfolgelast der Beweglichkeit. Fortbewegung erzeugt Verschleiß.

Jede Art hat ihre natürliche Altersgrenze. Kommt sie dadurch zustande, daß die Reparaturmechanismen mit der Zeit versagen? Bei den Wirbeltieren, insbesondere bei Vögeln und Säugetieren, scheint diese Annahme zutreffend zu sein. Sie können, im Gegensatz zu den Insekten, Muskelgewebe erneuern und vermehren. Jeder weiß, daß Bewegung Muskulatur schafft. Einer der ganz großen Fortschritte der Wirbeltiere liegt auch darin, daß sie diesen Reparaturmechanismus entwickelt haben. Doch auch ihm sind Grenzen gesetzt. Mit der Zeit sammeln sich mehr Abfallstoffe und Schadstellen an, als die Reparatur bewerkstelligen kann. Die Gewebe altern unweigerlich.

Interessanterweise hemmt gerade jener Vorgang, der den Insekten das Leben verkürzt, den Alterungsprozeß, und das ist die volle Nutzung der Muskelleistung unter Einbeziehung des Sauerstoffs. Ich habe schon davon gesprochen, daß der Muskulatur zwei Funktionsweisen eigen sind: Arbeitet die Muskulatur aerob, entstehen als Rückstände nur Kohlendioxid und Wasser. Arbeitet sie hingegen anaerob und setzt Milchsäure frei, gibt es eine Fülle von Rückständen. Die höhere Effizienz der aeroben Muskeltätigkeit strapaziert die Muskulatur jedoch ungleich stärker als die langsamere Energiefreisetzung durch Bildung von Milchsäure. Dieses Dilemma ist anscheinend nicht zu umgehen. Entweder die höhere Leistung, dann ist der Preis dafür der höhere Verschleiß und umgekehrt.

Wie zum Ausgleich verhält es sich, was die Abfallprodukte betrifft, genau umgekehrt. Es sammeln sich durch Schäden in der Muskulatur immer mehr sogenannte freie Radikale an, die von Sauerstoff zerstört werden können. Intensive Muskelbenutzung und gute Durchblutung drängen diese Schäden zurück, ohne sie aber ganz ausschalten zu können. Je länger der Muskel schon tätig ist, um so schneller bilden sich kleine Schäden und desto schwieriger wird ihre Reparatur.

Die Entwicklung des Reparaturmechanismus vergrößerte für die Wirbeltiere, insbesondere für Vögel und Säuger, die Spanne der Lebenserwartung um ein Mehrfaches, obwohl sie ihre Muskulatur und ihre Organe ungleich stärker belasten als die Wirbellosen. Ein Kolibri lebt an die 10 Jahre, ein gleichgroßer Schwärmer mit ganz ähnlicher Flugleistung nur ein paar Monate. Doch der Gewinn an Lebenszeit wird mit einem noch viel höheren Energieaufwand erkauft. Der Kolibri setzt das Mehrtausendfache der Energieausgaben des Schwärmers um. Wo Wirbeltiere ihre Aktivität stark einschränken, wächst auch die Lebenserwartung. Schildkröten werden vor allem deswegen so alt, weil sie so wenig in ihre Fortbewegung investieren. Die Langsamkeit hat ihre Vorzüge, wenn Lebenszeit und nicht Lebensintensität als Bezugsgröße gewählt wird. Dennoch sind die Schildkröten die Ausnahme unter den Wirbeltieren geblieben, und bei den Wirbellosen haben die hektischen Insekten und nicht die ruhigen Schnecken, die mehrere bis viele Jahre alt werden, das evolutionäre Rennen gemacht und viel mehr Lebensräume in viel größerer Artenzahl erobert. Zählt Langlebigkeit letzten Endes doch nicht so sehr? Sie zählt dann nicht besonders, wenn langes Leben gleichbedeutend ist mit Verwurzeltsein an einem Ort. In der Evolution geht es um die Nutzung von Möglichkeiten.

Die Beweglichkeit und ihre Verbesserung eröffnete immer weitere Räume und immer mehr Lebensmöglichkeiten. Sie ist es letztendlich, die zur Emanzipation der Tiere von den an Ort und Stelle herrschenden Lebensbedingungen geführt hat und die andere Strategie, die der Pflanzen, zum Futterlieferanten degradierte. Gewiß, das Tierleben ist und bleibt von der pflanzlichen Produktion abhängig. Insofern sind Pflanzen in der Natur nicht »untergeordnet«. Aber auf das einzelne Individuum bezogen, brachte die Strategie der Pflanzen zu wenig ein. Sie haben, von wenigen Ausnahmen abgesehen, nicht einmal richtige Individuen entwickelt.

Viele Pflanzen sind eine Art Kolonie von einander mehr oder weniger gleichen Teilpflanzen, die Individualität nur vortäuschen. Der Schilfhalm am Seeufer, der so klar und eindeutig eine Einzelpflanze zu sein scheint, ist in aller Regel keine. Über unterirdische Ausläufer steht er mit anderen Schilfhalmen in Verbindung. Er ist ein Sproß, der, wird er abgeschnitten, das Leben der komplexeren Einheit der Schilfpflanzen genausowenig beendet wie der Grasschnitt das Leben der Gräser. Man stelle sich eine »gemähte« Rinderherde vor – um bei einem Kollektiv zu bleiben: Alle Tiere sind dann tot. Das individuelle Leben greift bei den Pflanzen vielfach in ein kollektives über, während es bei den Tieren ein wirklich individuelles ist. Wieder machen die pflanzenähnlichen Tiere, die in Tierkolonien lebenden Korallen oder die Schwämme und andere, eine Ausnahme. Sie bekräftigt jedoch den Trend der Entwicklung.

Der große, ja der entscheidende Vorteil der Fortbewegung lag und liegt in der Entwicklung zur Individualität. Je beweglicher Individuen sind, desto unabhängiger werden sie von den örtlichen Zwängen der Umwelt. Der Weg des Lebens ist ein Prozeß der zunehmenden Befreiung vom Diktat der Umwelt. Der Beweglichkeit kommt in diesem Prozeß die zentrale Rolle zu. Das, was gewöhnlich als Anpassung der Tiere und als deren Strategie gesehen wird, ist tatsächlich eine Abkoppelung von der Umwelt. Die Beweglichsten haben auf diesem Weg auch ihre größte Unabhängigkeit erreicht. »Frei wie ein Vogel« möchten wir sein, und wir meinen damit: losgelöst von den irdischen Zwängen, die uns bedrücken. Die flugfähigen Vögel sind freier, viel freier als die allermeisten Säugetiere. Der Preis für diese Freiheit ist ein doppelt so hoher Energiebedarf für den Stoffwechsel.

Diese Freiheit kostete aber noch mehr: Das Flugvermögen zwingt Vögel, in der höchst riskanten Grenzzone zwischen Höchstleistung und tödlicher Überhitzung zu leben. Sie haben praktisch keinen Sicherheitsabstand zum Fiebertod. Bei vielen Arten bewegt sich die Körpertemperatur um 42 Grad Celsius; ein für uns höchst lebensbedrohliches Fieber. Offensichtlich sind Vögel an der Grenze des Möglichen angelangt. Mehr läßt sich aus eigener Muskelkraft nicht mehr herausholen.

Der Aufwand wird dabei mitunter grotesk, wenn ein nur ein paar Gramm leichter Kolibri mit flatterndem Herzen bei mehr als 1000 Schlägen pro Minute Zucker aus dem Blütennektar durch seinen Stoffwechsel jagt, nur um damit ein paar winzigkleine Insekten zu fangen, die ihm das benötigte Eiweiß liefern. Der Energieaufwand ließe sich mit einem Menschen vergleichen, der mit dem Auto über 50 Kilometer weit aufs Land hinausfährt, um dort ein paar Hühnereier zu besorgen, die er dann zu Hause in der Stadt verzehrt. Mit der Notwendigkeit, im kleinen Körper genügend Wärme zu erzeugen, hat dieser Aufwand nur in zweiter Linie zu tun. Er wäre nicht nötig, wenn die Kolibris die Miniaturisierung ihrer Körper nicht so weit getrieben hätten. Ein Sperling verbraucht nicht ein Zwanzigstel der Energie eines Kolibris.

Beweglichkeit macht unabhängiger. Nicht Einbindung in die ökologischen Nischen, in die von der Umwelt vorgegebenen Lebensmöglichkeiten, sondern ihre Überwindung und die Befreiung von ihren Begrenzungen kennzeichnet die Generallinie im Entwicklungsweg der Organismen bis zum Menschen. In dieser Feststellung steckt eine der wichtigsten Triebkräfte der Evolution. Beweglichkeit ist die Antwort der Organismen auf Mangelsituationen, die sich unvermeidbarerweise auch in den günstigsten Lebensräumen immer wieder einstellen. Beweglichkeit ermöglicht das Ausweichen und das Aufsuchen anderer, günstigerer Stellen, wo noch kein Mangel herrscht. Die lebensspendende Spanne zwischen Überfluß und Mangel treibt die Organismen zu immer größeren Leistungen an. Nur wer beweglicher als die anderen ist, hat die besseren Aussichten, den besseren Teil abzubekommen. Wer seinem Platz verhaftet bleibt, muß mit dem zurechtkommen, was dieser bietet. Gute Läufer und Flieger nehmen am Wettbewerb um knappe Ressourcen auf den verschiedensten Bühnen teil. Sie lassen sich keiner bestimmten Funktion, keiner ökologischen Nische mehr zuordnen. Sie erkaufen sich diese Unabhängigkeit mit gesteigerten Ausgaben für die Beweglichkeit.

Eine solche Beschreibung des Evolutionsprozesses mag mir mancher als unzulässige Vermenschlichung ankreiden. Sie ist es aber nicht. Vielmehr folgt der Mensch ganz offensichtlich genau denselben Grundprinzipien. Auch er sucht Mobilität und schätzt sie als ein so hohes Gut ein, daß er dafür alles riskiert, sogar sein Leben. Mit dem Jet um die Welt, an allen möglichen Orten präsent zu sein, überall mitmischen zu können, das sind die unausgesprochenen Wünsche oder die klar formulierten Ziele vieler Menschen, wenn sie über die energetische Schwelle der bloßen Lebenserhaltung hinausgekommen sind. Für jemanden, der heute nicht weiß, was er morgen essen wird, spielen derartige Überlegungen keine Rolle. Wenn aber der »Grundumsatz« gesichert ist, setzt bei so vielen Menschen der Drang zur Mobilität ein, daß sie nicht bloß eine moderne Modeerscheinung sein kann. Hinter dem Verhalten des Fahrers am Steuer und der »Freien Fahrt für freie Bürger« steckt mehr als ein kurzer Geschwindigkeitsrausch, bei dem man »den Kopf verliert«, bevor man ihn wirklich verloren hat. Hier drängt ein uraltes Erbe der Evolution mit Macht an die Oberfläche, das Mobilität zur zentralen Überlebensstrategie entwickelt hat. In ähnlicher Weise bewegt Verknappung der Lebensgrundlagen zum Auswandern. Auch das kennen wir aus der Geschichte. Völkerwanderungen wurden von Mißernten und regionalen Klimaverschlechterungen oder von der Übernutzung der Ressourcen ausgelöst.

Es kann sich nicht um eine falsche Programmierung des modernen Menschen handeln, daß alljährlich Millionen das Bedürfnis verspüren, in den Urlaub aufbrechen zu müssen. Die moderne Massengesellschaft entläßt in den Phasen des Urlaubs mehr Menschen in die Wanderschaft über Land und Meer, als zu den Zeiten der großen Völkerwanderung insgesamt Menschen unterwegs waren.

Fortbewegung war und ist ein Erfolgsprinzip der Evolution. Der Preis für diesen Fortschritt ist hoch. Er hat den Tod in das Leben des Individuums gebracht. Würden sich die Organismen nicht verbrauchen, könnten sie dauerhaft leben, es sei denn, eine Katastrophe bricht über sie herein. Die meisten Mikroben sind noch potentiell unsterblich. Sie teilen sich und verjüngen sich damit wieder; Zug um Zug. Im Ausdruck »vegetative Vermehrung« steckt die Feststellung, daß Pflanzen über zwei Formen der Vermehrung verfügen. Sie können sich im buchstäblichen Sinn fortpflanzen, das heißt neue Triebe entwickeln, weiterwachsen, aus Sprossen keimen oder sogar neue Pflänzchen am eigenen Körper ausbilden, ohne daß sie sich dazu auf geschlechtlichem Weg vermehren müssen. Das ist die zweite Möglichkeit.

Viele Kleintiere können das auch noch. Aus einem vom Spaten

sauber in zwei Teile zerschnittenen Regenwurm wird keine Leiche, sondern es werden zwei Würmer. Korallen und andere Hohltiere bilden Nachwuchs durch Sprossung. Doch mit zunehmender Beweglichkeit und fortschreitender Emanzipation von der Umwelt nimmt diese »vegetative« Vermehrung ab, und sie verschwindet bei den voll beweglichen Organismen.

Sie tauschen den Tod für die Beweglichkeit. In der sich verkürzenden Spanne ihres Lebens verwenden sie immer größere Anteile für die Fortbewegung und die Produktion von Nachkommen, mit denen allein sie dem Tod auf indirektem Weg ausweichen können. Der Kleinvogel, der im Frühjahr so intensiv und schön in der Hecke singt, hat kaum mehr als ein Jahr Lebenserwartung. Kein Wunder, daß ihm die Zeit knapp wird. Keine andere Gruppe von Organismen ist so sehr durch das Zeitbudget gekennzeichnet wie die energetisch so aufwendigen Vögel. Alles muß in ihrem Jahresablauf passen, sonst paßt nichts mehr. Sie können die Phasen nicht verschieben wie die Säugetiere. Auch hier drängt die Wahl der Worte den Vergleich mit uns Menschen auf, die wir in unserer durch andauernde Mobilität so hektisch gewordenen Welt keine Zeit mehr haben.

Es sind die Störungen im Stoffwechsel, die uns aufschrecken, vor allem die, welche von Zucker und Fett ausgelöst werden, die wir nicht mehr im richtigen Verhältnis zum Bedarf zu uns nehmen. Sie machen klar, ob wir das wahrhaben wollen oder nicht, daß Hektik und Lebenstempo ihre Forderungen stellen. Nicht ohne Grund stehen Herzversagen und Stoffwechselstörungen an der Spitze der Krankheiten und Todesursachen für den Menschen der modernen Industriegesellschaft. Krebserkrankungen sind oftmals Folgen von Fehlern, die sich im Mechanismus des Stoffwechsels breitgemacht haben und die nicht mehr repariert werden können.

Mit Auto und Flugzeug haben wir uns vom Zwang, auf eigenen Beinen voranzukommen, befreit. Die Energiekosten sind enorm, ganz zu schweigen von den Belastungen für die Umwelt. Was wir dabei aber auch übersehen oder gering achten, das ist der Zucker, dem wir unsere Beweglichkeit verdanken. Mehr als jeder andere Stoff, wahrscheinlich mehr sogar als alle Umweltgifte, denen wir ausgesetzt sind, beansprucht der Zucker unseren Körper. Die Folgen der technischen Loslösung von Schwerkraft und Reibungswiderstand bekommen wir mehr, als uns lieb ist, in unserem Zucker-

und Fettstoffwechsel zu spüren. Der Körper »verlangt«, was er Hunderttausende von Jahren verlangt hatte, um funktionieren zu können. Viel davon braucht er nicht mehr; es wird ihm zur Belastung. Über den Stoffwechsel droht uns eine andere Form von Auslese. Die äußeren Zwänge haben wir gemeistert. Die inneren werden um so stärker. Das Erfolgsprinzip Fortbewegung läuft bei uns Menschen Gefahr, am eigenen Erfolg zu scheitern.

Der Blick in die evolutionsbiologischen Zusammenhänge hilft uns aktuell nicht weiter. Mit den Risiken, die wir auf uns nehmen, müssen wir selbst fertigwerden. Sie dürfen nicht dazu führen, daß das Risiko für andere vergrößert wird. Wenn wir aber aus der Geschichte der Fortbewegung heraus unseren eigenen Drang zur Mobilität besser verstehen, werden wir vielleicht notwendige Beschränkungen besser einsehen können. Sie sind notwendig, wahrscheinlich sogar unausweichlich, weil die Mobilität ein Ausmaß erreicht hat, das Klima und Zukunft der Erde bedroht. Längst befinden wir uns in jenem gefährlichen Trend, bei dem immer mehr Energie für immer weniger Ertrag aufgewendet wird.

Pflanzen können nicht denken. Sie haben weder ein Gehirn noch Nerven. Die Fähigkeit, denken zu können, verdanken wir der Beweglichkeit. Wir Menschen sind die mit weitem Abstand mobilsten Vertreter der Primaten. Und wir haben das weitaus größte Gehirn.

Denken, Gehirn und Beweglichkeit stehen in engster Verbindung zueinander. Denn die Entwicklung der Beweglichkeit hängt mit der Entstehung von Reizleitung und Nerven zusammen. Schon einfache Formen der Fortbewegung setzen eine Koordination voraus. Ohne Steuerung wären sie nichts weiter als ein chaotisches Hin und Her. Je komplizierter die Fortbewegungsweisen, desto leistungsfähigere Nervensysteme und Gehirne mußten entwickelt werden. Bei den Vögeln steuert das Kleinhirn den Flug, und zwar besser, verläßlicher und anpassungsfähiger als die besten der heute verfügbaren Bordcomputer in Flugzeugen. Beim Menschen war es der aufrechte Gang, der die Entwicklung des Gehirns beschleunigte. Die Fortbewegung über weite Strecken brachte eine Fülle neuer Eindrücke und Informationen; ihre Verwertung im Gehirn wurde zur Vorstufe des Denkens.

So hat das Erfolgsprinzip Fortbewegung in der Evolution nicht nur eine zunehmende Emanzipation von den örtlichen Umweltverhältnissen mit sich gebracht und die beweglichen Organismen zunehmend freier gemacht, sondern auch den Grundstein gelegt für die Entwicklung der Freiheit des Denkens und des Geistes. Diese geistige Beweglichkeit ist vielleicht unsere einzige wirkliche Chance.

Richten wir zum Abschluß noch eine letzte Frage an die Natur: Kann Evolution auch rückwärts verlaufen? Obwohl die Antwort negativ ist, enthält sie mehr als nur einen Hoffnungsschimmer. Die Evolution schraubt nicht zurück, sie leitet um. Umwege und damit neue Lösungen zeichnen den Evolutionsprozeß aus. Die wenigen »Rückentwicklungen« können wir als unbedeutend abtun.

Wir haben uns mit unserer neuen, brennstoffgetriebenen Form der Mobilität längst von der muskelbetriebenen entfernt und auf ein neues Niveau gehoben. Vielleicht steckt die Lösung unserer Probleme in einem ganz anderen Weg, auf dem nicht mehr wir selbst den neuen Eindrücken, den Informationen, den Erfahrungen nachjagen, sondern diese zu uns kommen. Die Zukunftsperspektive der Informationsgesellschaft, bei der nicht wir, sondern die Bilder mobil und wenig kostenintensiv sind, flimmert längst schon von den Bildschirmen.

Literatur

Ackery, P. R./R. I. Vane-Wright (1984): Milkweed Butterflies, their cladistics and biology. British Museum (Natural History). 425 S.

Alexander, R. McN. (1991): Wie Dinosaurier sich fortbewegten. In: Spektrum der Wissenschaft, Juni 1991, S. 82–89.

Alexander, R. McN./G. Goldspink (Hrsg.) (1977): Mechanics and Energetics of Animal Locomotion. Chapman and Hall, London. 346 S.

Aschoff, J./H. Pohl (1970): Der Ruheumsatz von Vögeln als Funktion der Tageszeit und der Körpergröße. In: Journal für Ornithologie 111, S. 38–47.

Austad, S. (1992): On the Nature of Aging. In: Natural History 2/92, S. 25–56.

Baker, R. R. (1978): The Evolutionary Ecology of Animal Migration. Hodder and Stoughton, London. 1012 S.

Battaglia, B./J. A. Beadsmore (Hrsg.) (1978): Marine Organisms, Genetics, Ecology, and Evolution. Nato Conference Series, Plenum Press, New York. 757 S.

Bennett, A. F. (1980): The Metabolic Foundations of Vertebrate Behavior. In: BioScience 30, S. 452–456.

Bennett, A. F./J. A. Ruben (1979): Endothermy and Activity in Vertebrates. In: Science 206, S. 649–654.

Biewener, A. A. (1990): Biomechanics of Mammalian Terrestrial Locomotion. In: Science 250, S. 1097–1103.

Bond, C. E. (1979): Biology of Fishes. W. B. Saunders, Philadelphia. 514 S.

Brom, T. G. (1991): The diagnostic and phylogenetic significance of feather structures. Dissertation Universität Amsterdam. 279 S.

Burton, R. (1991): Vogelflug. Franckh-Kosmos, Stuttgart. 160 S.

Bykhovskii, B. E. (Hrsg.): Bird Migrations. Ecological and Physiological Factors. J. Wiley, New York. 298 S.

Caple, G./R. R. Balda/W. R. Willis (1983): The physics of leaping animals and the evolution of preflight. In: The American Naturalist 121, S. 455–467.

Casey, T. M. (1991): Energetics of Caterpillar Locomotion: Biomechanical Constraints of a Hydraulic Skeleton. In: Science 252, S. 112–114.

Cocker, R. E. (1954): Das Meer – der größte Lebensraum. P. Parey, Hamburg. 211 S.

Delany, M. J. (1982): Mammal Ecology. Chapman and Hall, New York. 162 S.

Duellman, W. E./L. Trueb (1986): Biology of Amphibians. McGraw-Hill, New York. 670 S.

Eisenberg, J. F. (1981): The Mammalian Radiations. An Analysis of Trends in Evolution, Adaptation, and Behavior. University of Chicago Press, Chicago. 610 S.

Ellington, C. P./K. E. Machin/T. M. Casey (1990): Oxygen consumption of bumblebees in forward flight. In: Nature 347, S. 472–473.

Errington, P. R./(1967): Predation and Life. Iowa State University Press, Ames. 277 S.

Flindt, R. (1985): Biologie in Zahlen. G. Fischer Verlag, Stuttgart. 280 S.

Fox, R. E. (1988): Energy and the Evolution of Life. W. H. Freeman, New York. 182 S.

Franz, H. (1979): Ökologie der Hochgebirge. Ulmer Verlag, Stuttgart. 495 S.

Friday, A./D. S. Ingram (Hrsg.) (1986): Cambridge-Enzyklopädie Biologie: Organismen, Lebensräume, Evolution. VCH Verlagsgesellschaft, Weinheim. 443 S.
Furness, R. W./P. Monaghan (1987): Seabird Ecology. Chapman and Hall, New York. 164 S.
Futuyma, D. J. (1990): Evolutionsbiologie. Birkhäuser Verlag, Basel. 679 S.
Gamlin, L./G. Vines (Hrsg.) (1986): The Evolution of Life. Collins, London. 256 S.
Garland, T. Jr. (1983): Scaling the ecological costs of transport to body mass in terrestrial mammals. In: The American Naturalist 121, S. 571–587.
Gatter, W. (1981): Insektenwanderungen. Kilda Verlag, Greven. 94 S.
Gill, F. B. (1990): Ornithology. W. H. Freeman, New York, 660 S.
Goolish, E. M. (1991): Anaerobic Swimming Metabolism of Fish: Sit-and-Wait versus Active Forager. In: Physiological Zoology 64, S. 485–501.
Gould, S. J. (1991): Zufall Mensch. Das Wunder des Lebens als Spiel der Natur. Hanser, München. 391 S.
Gould, S. J. (1991): Eight (or Fewer) Little Piggies. Why do we and most other tetrapods have five digits on each limb? In: Natural History 1/1991, S. 22–29.
Harz, K./H. Wittstadt (1957): Wanderfalter. Neue Brehm-Bücherei 191. Wittenberg. 90 S.
Hecht, M. K./J. H. Ostrom/G. Viohl/P. Wellnhofer (Hrsg.) (1985): The Beginnings of Birds. Proceedings of the International Archaeopteryx Conference Eichstätt 1984. Jura Museum Eichstätt. 382 S.
Hill, R. W. (1976): Comparative Physiology of Animals. An Environmental Approach. Harper and Row, San Francisco. 656 S.
Hutchinson, G. E. (1965): The Ecological Theater and the Evolutionary Play. Yale University Press, New Haven. 139 S.
Kooyman, G. L./J. P. Croxall/D. P. Costa (1982): Diving Depths and Energy Requirements of King Penguins. In: Science 217, S. 726–727.
Kruuk, H. (1972): The Spotted Hyaena: A Study of Predation and Social Behavior. University of Chicago Press, Chicago. 272 S.
Lorenz, K. (1963/1974): Das sogenannte Böse. Deutscher Taschenbuch Verlag, München. 262 S.
Marden, J. H. (1992): Newton's Second Law of Butterflies. In: Natural History 1/92. S. 54–60.
Martin, B. P. (1987): World Birds. Guinnes Superlatives, London. 192 S.
McMahon, T. A./J. T. Bonner (1985): Form und Leben. Spektrum Verlag, Heidelberg. 221 S.
Miller, M. N./J. A. Byers (1991): Energetic cost of locomotor play in pronghorn fawns. In: Animal Behaviour 41, S. 1007–1013.
Nachtigall, W. (1968): Gläserne Schwingen. Moos Verlag, München. 158 S.
Nachtigall, W. (1988): Im Reich der Tausendstel-Sekunde. Faszination des Insektenfluges. Gerstenberg Verlag, Hildesheim. 120 S.
Niethammer, J. (1979): Säugetiere. UTB Ulmer, Stuttgart. 288 S.
Padian, K. (Hrsg.) (1986): The Origin of Birds and the Evolution of Flight. In: Memoirs of the California Academy of Sciences Nr. 8. San Francisco. 98 S.
Phillips, J. G./P. J. Butler/P. J. Sharp (1985): Physiological Strategies in Avian Biology. Blackie and Son, Glasgow. 218 S.

Prosser, C. L. (1986): Adaptational Biology: Molecules to Organisms. J. Wiley, New York. 784 S.
Reichholf, J. H. (1990): Das Rätsel der Menschwerdung. Deutsche Verlags-Anstalt, Stuttgart. 280 S.
Reichholf, J. H. (1990): Der Tropische Regenwald. Deutscher Taschenbuch Verlag, München. 207 S.
Reichholf, J. H./S. Weidensaul (1990): Kolibris. Fliegende Diamanten. K. Müller Verlag, Erlangen. 144 S.
Reichholf, J. H. (1992): Der schöpferische Impuls. Eine neue Sicht der Evolution. Deutsche Verlags-Anstalt, Stuttgart. 256 S.
Remane, A./V. Storch/U. Welsch (1986): Systematische Zoologie. G. Fischer Verlag, Stuttgart. 698 S.
Scheiba, B. (1990): Schwimmen, Laufen, Fliegen. Die Bewegung der Tiere. Urania Verlag, Leipzig. 192 S.
Schröpel, M. (1986): Räuber und Beute. Landbuch Verlag, Hannover. 152 S.
Schuchmann, K. L./K. Krüger/R. Prinzinger (1983): Torpor in humingbirds. In: Bonner zoologische Beiträge 34, S. 273–277.
Scott, J. (1988): The Great Migration. Elm Tree Books, London. 160 S.
Siewing, R. (Hrsg.) (1980): Lehrbuch der Zoologie. Band 1. Allgemeine Zoologie. G. Fischer Verlag, Stuttgart. 910 S.
Sinclair, A. R. E./M. Norton-Griffiths (Hrsg.) (1979): Serengeti. Dynamics of an Ecosystem. University of Chicago Press, Chicago. 389 S.
Taylor, F./R. Karban (Hrsg.) (1986): The Evolution of Insect Life Cycles. Springer Verlag, Berlin. 287 S.
Urquhart, F. A. (1960): The Monarch Butterfly. University of Toronto Press, Toronto. 361 S.
Vermeij, G. (1978): Biogeography and Adaptation. Patterns in Marine Life. Harvard University Press, Cambridge, Mass. 332 S.
Vermeij, G. (1987): Evolution and Escalation. Princeton University Press, Princeton, N.J. 527 S.
Wainwright, S. A./W. D. Briggs/J. D. Currey/J. M. Gosline (1976): Mechanical Design in Organisms. Edward Arnold Publ., London. 423 S.
Walton, M./B. C. Jayne/A. F. Bennett (1990): The Energetic Cost of Limbless Locomotion. In: Science 249, S.524–527.
Woledge, R. C./N. A. Curtin (1990): The price of being a snake. In: Nature 347, S. 619–620.
Wootton, R. J. (1991): Das Design von Insektenflügeln. In: Spektrum der Wissenschaft, Januar 1991, S. 58–65.

Register

Vitus B. Dröscher im dtv

Foto: Erwin Falk

Überlebensformel
Wie Tiere Umweltgefahren meistern

Eine Reihe von Umweltproblemen, für die der Mensch vielfach noch nach Lösungen sucht, haben Tiere längst auf erstaunlich wirksame Weise bewältigt. dtv 1733

Nestwärme
Wie Tiere Familienprobleme lösen

An zahlreichen Beispielen zeigt Dröscher, wie die Natur Tiere zu guten Eltern macht und ihnen das richtige Verhalten ihren Jungen gegenüber eingibt. dtv 10349

Wie menschlich sind Tiere?

Nicht um die häufige Vermenschlichung von Tieren geht es Vitus B. Dröscher in seinen spannenden, amüsanten und aufschlußreichen Vergleichen zwischen Verhaltensweisen der Menschen und Tiere. Vielmehr interessiert ihn, ob und wie sich Phänomene menschlichen Verhaltens in der Tierwelt wiederfinden. dtv 10442

Wiedergeburt
Leben und Zukunft bedrohter Tiere

Am Beispiel von 22 gefährdeten Tierarten beschreibt Vitus B. Dröscher Erfolge und Rückschläge im Kampf um die Erhaltung der Natur und ihrer Fauna. dtv 10659

Geniestreiche der Schöpfung
Die Überlebenskunst der Tiere

Vitus B. Dröscher berichtet über die außergewöhnlichen Überlebensstrategien von achtzig Tierarten, die wie grandiose Phänomene anmuten. Daraus entwickelt sich ein Bild vom großen Einfallsreichtum der Natur, der das Überleben vieler Tierarten garantiert. dtv 10936

Magie der Sinne im Tierreich

Tiere »sehen« elektrische Felder, infrarotes, ultraviolettes und polarisiertes Licht. Sie »hören« Bilder, riechen kilometerweit, spüren Erdbeben voraus, schreien für uns unhörbar, navigieren nach der Sonne und den Sternen. Eine allgemeinverständliche, aber fundierte Darstellung geradezu magisch anmutender Wahrnehmungsfähigkeiten mancher Tierarten. dtv 11441

Konrad Lorenz im dtv

Er redet mit dem Vieh, den Vögeln und den Fischen

Unaufdringlich und humorvoll schildert Lorenz die differenzierten Verhaltensweisen der Tiere, die sein Haus in Altenberg bei Wien bevölkert haben. dtv 173

So kam der Mensch auf den Hund

Der Hundebesitzer Lorenz zeigt Entwicklungsgeschichte und Verhaltensformen dieser Tierart auf und erzählt mit viel Humor von seinen Beobachtungen und persönlichen Erfahrungen. dtv 329

Das sogenannte Böse
Zur Naturgeschichte der Aggression

Ein Schlüsseltext unserer gegenwärtigen menschlichen Selbsterkenntnis mit epochalem Rang, der eine fruchtbare und nützliche Diskussion über die natürlichen Grundlagen des menschlichen Daseins in Gang gesetzt hat. dtv 30025

Die Rückseite des Spiegels
Versuch einer Naturgeschichte menschlichen Erkennens

»Der fortschreitende Verfall unserer Kultur ist so offensichtlich pathologischer Natur, trägt so offensichtlich die Merkmale einer Erkrankung des menschlichen Geistes, daß sich daraus die kategorische Forderung ergibt, Kultur und Geist mit der Fragestellung der medizinischen Wissenschaft zu untersuchen.« dtv 1249

Das Jahr der Graugans

Ein außergewöhnlicher Text- und Bildband über die Lebens- und Verhaltensweisen der Graugänse in ihrer natürlichen Umwelt. Mit 147 Farbfotos aus dem Jahresablauf des Familien- und Gesellschaftslebens der Wildgänse. dtv 1795

Konrad Lorenz/Kurt L. Mündl:
Noah würde Segel setzen
Vor uns die Sintflut

Eine eindringliche Warnung vor der Zerstörung der für Mensch und Tier unentbehrlichen natürlichen Lebensräume. Mit Portraits in Text und Bild von fünfzig bedrohten heimischen Tierarten. dtv 10750

Antal Festetics:
Konrad Lorenz

Eine lebendige und anschauliche Biographie des Nobelpreisträgers von seinem Schüler und Weggefährten Antal Festetics. Mit 250 Fotos. dtv 11044

Hoimar v. Ditfurth im dtv

Foto: York-Foto, Freiburg i. Br.

Der Geist fiel nicht vom Himmel
Die Evolution unseres Bewußtseins

Die Entstehung menschlichen Bewußtseins als notwendiges Ergebnis einer Jahrmilliarden langen Entwicklungsgeschichte. »... der gelungene Versuch, dem Leser jenen Eckzahn des ›Mittelpunktwahns‹ zu ziehen, daß nämlich die Welt so beschaffen ist, wie wir sie als Menschen erleben.« (Hamburger Abendblatt) dtv 1587

Im Anfang war der Wasserstoff

Ein Report über 13 Milliarden Jahre Naturgeschichte, angefangen vom Urknall über die Entstehung des »Abfallprodukts« Erde, über die große Sauerstoffkatastrophe, die Entstehung der Warmblütigkeit (und damit die Voraussetzung für das menschliche Bewußtsein) bis hin zur Möglichkeit interplanetarisch-galaktischer Kommunikation. Durchgehend verzeichnet Ditfurth dabei das Vorherrschen von Vernunft. dtv 30015

Kinder des Weltalls
Der Roman unserer Existenz

Anhand wissenschaftlicher Erkenntnisse vollzieht Ditfurth nach, warum auf unserer Erde Leben entstehen konnte und wie unser Dasein von ineinandergreifenden kosmischen Vorgängen abhängt. dtv 10039

Wir sind nicht nur von dieser Welt
Naturwissenschaft, Religion und die Zukunft des Menschen

»Dies Buch wird in der Überzeugung geschrieben, daß die naturwissenschaftliche und die religiöse Deutung der Welt und des Menschen miteinander in Einklang zu bringen sind.« (Hoimar von Ditfurth) dtv 10290

Zusammen mit Volker Arzt:

Dimensionen des Lebens

Reportagen aus der Naturwissenschaft auf der Grundlage der Fernsehreihe »Querschnitte«, mit der Hoimar v. Ditfurth und Volker Arzt gezeigt haben, daß allgemeinverständliche Beiträge aus diesem Bereich möglich sind und wissenschaftliche Materie durchaus in fesselnde Erlebnisse auch für den fachlich nicht vorgebildeten Zuschauer umgesetzt werden kann. dtv 1277

Querschitte
Reportagen aus der Naturwissenschaft

Zehn weitere Beiträge aus der erfolgreichen Fernsehserie »Querschnitte« in Buchform. dtv 1742

Frederic Vester im dtv

Foto: Isolde Ohlbaum

Denken, Lernen, Vergessen
Was geht in unserem Kopf vor, wie lernt das Gehirn, und wann läßt es uns im Stich?

Frederic Vester vertritt eine völlig neue Richtung der Gehirnforschung: die Biologie der Lernvorgänge. Ein Testprogramm zeigt dem Leser, wie er seinen individuellen Lerntyp feststellen und seinen eigenen »biologischen Computer« am effektivsten nutzen kann.
dtv 30003

Phänomen Streß
Wo liegt sein Ursprung, warum ist er lebenswichtig, wodurch ist er entartet?

»Vester ist es in bewundernswerter Weise gelungen, die wesentlichen Zusammenhänge des Streßgeschehens in einer auch dem Laien verständlichen Sprache zu vermitteln. Sein Buch ist höchst angenehm zu lesen, gut illustriert und äußerst instruktiv.« (Professor Hans Selye)
dtv 1396

Unsere Welt – ein vernetztes System

Ein faszinierender Einblick in die Gesetzmäßigkeiten von sich selbst regulierenden Systemen, die vom Mikrokosmos bis zum Makrokosmos die gleichen sind. Anhand vieler anschaulicher Beispiele erläutert Vester die Steuerung von Systemen in der Natur und durch den Menschen, und wie wir sie in ihren Abhängigkeiten und Wechselwirkungen verstehen, beurteilen und zur Lösung von Problemen einsetzen können. dtv 10118

Neuland des Denkens
Vom technokratischen zum kybernetischen Zeitalter

Das fesselnd und allgemeinverständlich geschriebene Hauptwerk von Frederic Vester – eine grundlegende und breitgefächerte Orientierungshilfe für alle, die an einer (über-)lebenswerten Zukunft interessiert sind. dtv 10220

Ballungsgebiete in der Krise
Vom Verstehen und Planen menschlicher Lebensräume

Eine praktikable Anleitung, die Zukunft unserer bedrängten Lebensräume nicht mehr der technokratischen Planung zu überlassen, sondern sie auf der Grundlage biokybernetischen Denkens als vernetztes System zu erfassen und für die Zukunft zu gestalten. Aktualisierte Neuausgabe. dtv 30007

Frederic Vester/Gerhard Henschel:
Krebs – fehlgesteuertes Leben
Aktualisierte Neuausgabe. dtv 11181